KB125190

감정이 어려워
정리해 보았습니다

감정이 어려워
정리해 보았습니다

제1판 제1쇄 발행 2020년 9월 22일

지은이 최낙언
펴낸이 임용훈

마케팅 오미경
편집 전민호
용지 (주)정림지류
인쇄 올인피앤비

펴낸곳 예문당
출판등록 1978년 1월 3일 제305-1978-000001호
주소 서울시 영등포구 문래동 6가 19 문래SK V1 CENTER 603호
전화 02-2243-4333~4
팩스 02-2243-4335
이메일 master@yemundang.com
블로그 www.yemundang.com
페이스북 www.facebook.com/yemundang
트위터 @yemundang

ISBN 978-89-7001-713-6 03400

＊ 이 도서는 한국출판문화산업진흥원의 '2020년 우수출판콘텐츠 제작 지원' 사업 선정작입니다.

감정이 어려워 정리해 보았습니다

최낙언 지음

감정은 왜 그렇게 생생하고 지배적일까?

예문당

감정을 설명하기가
가장 어려웠다

우리는 뻔히 후회할 줄 알면서도 자신을 통제하지 못하고 후회할 행동을 저지른다. 다이어트를 결심하고도 폭식의 유혹에서 벗어나지 못하고, 아침 운동을 결심하지만 침대를 박차고 일어나지 못한다. 우리는 왜 스스로 마음에 들지 않는 행동을 하고, 자기 마음을 마음대로 다루지 못하는 것일까?

나는 사실 이런 마음의 문제에는 그다지 관심이 없었다. 그러다가 다른 기회로 뇌 과학을 접하게 되었고, 점차 흥미를 느끼게 되었다. 과학이 구체적인 원리와 증거를 통해 답변을 내놓기 시작해서다. 내가 뇌 과학에 관심을 가지게 된 것은 맛 때문이다. '맛이란 무엇인가?'에 대한 답을 찾기 위해 공부하면 할수록 뇌를 모르고는 맛을 온전히 설명할 수 없다는 것을 알게 되었다. 그래서 우리의 뇌는 어떻게 향을 구분하고 쾌감을 부여하는지 뇌의 작동원리를 알기 위해 나름 열심히 공부했지만 역시 쉽지 않았다. 뇌에 대한 여러 세부적인 정보는 많았지만, 실제로 뇌가 어떻게 작동하는지 근본적인 원리를 설명하는 이론은 없었기 때문이다.

그러다 라마찬드란 교수가 쓴 『명령하는 뇌, 착각하는 뇌』에 나온 맹점 채움 현상을 접하고 너무나 놀랐다. 맹점 채움을 알게 되면서 우리가 어떻게 세상을 보는지에 대해 새롭게 생각하게 되었고, 올리버 색스 박사가 쓴 『환각』을 통해서는 후각에도 환각環후이 있고, 모든 감각에 환각이 있다는 것을 알고 나서 내 나름의 지각의 원리를 찾을 수 있었다. '뇌는 감각과 일치하는 환각을 만들면서 세상을 지각한다'는 것이 내가 이해한 지각의 원리였다. 그리고 그것을 여러 현상에 대입해 보니 그동안 궁금했던 여러 질문에 대한 답이 풀렸다. 맛과 향을 지각하는 원리가 설명 가능해진 것이다. 이를 정리하여 『감각 착각 환각』을 쓰기도 했지만 여전히 숙제는 남아 있는 상태이다.

우리가 홍어나 번데기를 먹을지 말지 결정하는 것은 그것이 번데기인지 홍어인지 아는 '지각'이 아니라 그런 음식에 대한 '감정'이다. 먹고 싶다는 감정이 생겨야 먹는다. 감정의 원리를 모르고서는 맛을 온전히 설명할 수 없는 이유이다. 식물은 뇌가 없고 동물은 뇌가 있는 차이를 '행동'에서 찾는 사람이 많다. 동물은 배가 고프다는 느낌이 들면 먹이를 찾아 헤매고, 위험하다는 신호가 오면 피한다. 움직이기 때문에 동물이고, 움직임 즉, 행동을 결정하는 것은 감정이다.

식품의 맛을 설명할 때 그것을 구성하는 성분이나 감각하는 원리, 심지어 지각하는 원리에 대해서도 나름의 답을 찾았지만, 가장 설명하기 힘들었던 감정의 원리에 대해서는 답을 찾지 못했다. 결국, 감정을 온전하게 설명하기 힘들어 맛을 온전히 설명하지 못한 것이라 할 수 있다. 그래서 이렇게 정리를 시도해 본 것이다.

사람을 이성적인 존재라고 말하지만, 실제 행동은 감정이 결정하고 이성은 그 이유를 설명하는 정도인 경우가 많다. 소리를 들을 수 있다고 모든 사람이 음악에 빠져들지는 않고, 맛을 느낄 수 있다고 무작정 음식을 탐닉하지도 않는다. 이성보다는 감정이 행동에 결정적이고, 반복된 행동이 습관이나 중독을 만든다. 우리가 후회를 하는 것은 주로 과거의 행동인데, 그런 행동을 만든 것도 감정이다. 그러니 감정을 제대로 이해할 필요가 있는 것이다. 우리가 감정을 이해하면 할수록 우리의 행동에 숨겨진 비밀을 알 수 있게 되고, 우리가 왜 이성적으로 이해하기 힘든 행동을 자주 하는지 알 수 있을 것이다. 그래서 나는 계속 감정에 대해 한 번쯤 정리해보고 싶었다.

그동안 감정에 대한 자료는 많이 나왔지만 원리를 바탕으로 일관성 있게 포용하는 설명은 없었다. 물론 마음과 감정은 과학으로 일관성 있게 설명하기에는 너무나 복잡한 것이지만, 그래도 시도는 필요하다고 본다. 그래서 나름 가장 포용성이 있는 원리를 찾으려 했다.

우리가 가진 뇌는 하나뿐이다. 감정의 뇌와 이성의 뇌가 따로 있는 것이 아니고, 쾌감을 만드는 뇌와 통증을 만드는 뇌가 따로 있지도 않다. 뇌의 특성을 모르고 감정을 이해한다는 것도 말이 되지 않고, 뇌는 하나인데 감정에 대한 설명은 너무 제각각인 듯했다. 원리적인 접근은 없이 너무 두루뭉술하게 설명되어 왔다.

나는 뇌의 생물학적인 특성과 감정의 기원과 원리를 하나하나 추적하다 보면 우리의 감정에 대한 이해가 선명해질 것이라 생각했다. 그래서 뇌의 기본적인 작동 원리에 근거하여 감정의 원리를 찾아보고자 했다. 감정을 공부하려면 무엇부터 이해하면 좋을지, 감정에 대해 알아야할 가장 최소한의 원리가 무엇인지 알아보고자 한 것이다. 그러기 위해 먼저 감정이 어디에서 시작되었는지 기원을 추적하고, 그것이 어떻게 다양한 감정으로 발전했는지도 알아보려 했다.

우리는 즐거움과 쾌락을 추구하고, 통증과 괴로움을 피하려 한다. 이런 욕망이 여러 산업과 문화를 지금의 수준으로 끌어올리기도 했고, 과도한 욕망이 번민과 고통을 만들고 파멸로 이끌기도 했다. 우리는 왜 중독되기 쉬운 것인지, 우리의 마음은 왜 흔들릴 수밖에 없는지 근본적인 이유를 알게 되면 그래도 조금은 타협이 쉬워질 것이다.

우리는 감정보다 이성을, 욕망보다 절제를 바람직한 것으로 생각하지만, 실제 인간다움은 이성보다는 감정과 욕망이 만드는 경우가 많다. 그리고 우리는 상반된 욕망을 동시에 가지고 있고, 그 사이에서 흔들릴 때가 많다. 우리의 마음이 왜 항상 흔들리기 쉬운지 그 원인을 알아보면 좀 더 쉽게 우리의 욕망을 이해할 수 있을 것이다.

····CONTENTS

PART ONE

POWER OF EMOTION

뇌를 알면

나를 이해하기

쉬워진다

1.
우리는
뇌의 지배를 받는다

뇌를 이해하는 것이 가장 큰 과제이다 ● ● ●

어쩌면 우리는 인류 역사상 가장 격렬한 변화의 한가운데에 놓여있는지도 모른다. 가상현실, 무인주행, 인공지능, 원격진료, 유전자 가위 등 매일 새로운 기술이 등장하고 있다. 그중에서도 인공지능은 그야말로 변화의 태풍이다. 인간의 고유 영역이라고 생각했던 바둑에서마저 인공지능 '알파고AlphaGo'가 이세돌 프로를 이긴지 오래다. 변화의 속도도 빨라서 지금은 '알파고 제로'까지 등장한 상태다. 알파고는 인간의 기보에 의존해 실력을 키웠는데, 알파고 제로는 기보조차 없이 72시간490만 판을 학습한 뒤 알파고와 100번 싸워 100번 모두 이겼다. 말 그대로 무ZERO에서 바둑의 신의 경지로 오른 것이다.

이런 알파고 제로조차 아직은 한계가 분명하다. 바둑

같은 특정 분야에서는 대단한 학습력을 보이지만, 보편적인 가치판단 시스템이 없기 때문에 범용적인 학습력이 떨어지는 것이다. 만약 바둑이나 게임에서 승리의 기준처럼 맞은 것은 맞고, 틀린 것은 틀리다는 보편적인 감정가치판단을 인공지능에 부여하는 시스템을 개발할 수 있다면, 인공지능은 모든 것을 스스로 학습할 수 있을 것이다. 그런 측면에서 인공지능에 논리를 부여하는 것보다 보편적인 감정을 부여하는 기술이 비교할 수 없을 만큼 어렵고 고도의 기능이다.

만약 감정을 가질 정도의 강한 인공지능이 등장하면 세상은 어떻게 될까? 당연히 인류는 감당하기 힘든 격변을 겪을 것이다. 인간의 능력으로는 아무리 노력해도 인공지능을 당해내지 못할 테니 말이다. 그런 시대가 오면 인류는 도대체 무엇을 해야 할까? 직업의 문제뿐 아니라 모든 문화가 리셋되는 상황이 찾아올 것이다. 실제로 지금도 이미 부분적으로 많은 인공지능 기술이 쓰이고 있다. 얼굴을 인식하고, 번역을 하고, 자율주행을 보조하는 등 여러 분야에서 꾸준히 실력을 쌓는 중이다. 여러 첨단 기술 회사들이 사활을 걸고 인공지능을 연구하고 있으니 우리 세대 안에 범용적인 학습능력을 지닌 인공지능이 등장하지 않는다는 보장도 없다.

그런 인공지능의 시대가 오면 직업이 실종될 수도 있고, 일할 필요가 없어질 수도 있다. 일할 필요가 없는 시대라면 불과 몇십 년 전만 해도 모두가 꿈꾸던 미래의 모습일 텐데 왜인지 기대보다는 두려움이 앞선다. 그런 미래가 낙관적이고 환상적으로만 보이지 않는 것은 지금 우리가 과거에 비해 물질적으로는 비교할 수 없을 만큼 풍요롭고 안락하게 살지만, 사람들의 행복은 과거보다 별로 나아지지 않았다는 사실을 이미 알고 있기 때문일 것이다. 현대 과학과 기술은 물질문명의 발전에 엄청나게 기여했지만 정신 즉, 행복의 발전에는 거의 기여하지 못했다. 지금 우리는 역사상 가장 풍요롭고 안전한 시대를 살고 있지만, 그에 대한 만족감보다는 미래에 대한 불안감이 더 크다. 물질적 만족은 증가했지만 정신적 만족은 전혀 증가하지 못한 것이다.

물질적 풍요와 정신적 빈곤, 우리의 이런 간극을 해소하기 위해서는 우리의 진정한 욕망이 무엇이고, 어떤 것이 우리에게 만족을 주고 행복하게 하는지를 생각해볼 필요가 있다. 그 시작이 감정에 대한 제대로 된 이해라고 본다. 나는 원래 이런 질문에 그다지 관심이 없었다. 구체적인 증거를 통해 설득력 있게 답을 찾기 힘든 주제라고 생각했기 때문이다. 하지만 맛에 대한 여러 현상을 설명하려고 뇌 과학을 공부하던 중 생각이 바뀌었다. 감정의 기본에 대해 더욱 의미 있는 답변을 찾을 수 있을 것 같다는 생각이 든 것이다.

최근 뇌 과학은 생물학적인 증거에 기초하여 착실하게 발전을 거듭하고 있다. 뇌 과학이 말하는 것도 어쩌면 기존의 철학서 또는 자기개발서와 결론은 비슷할지 모르지만 실천력에서는 차이가 크다. 뇌 과학은 증거를 통해 발전하고 있다. 살아있는 뇌의 활동을 간접적으로나마 측정할 수 있는 장비가 개발되면서 종잡을 수 없었던 여러 가지 인간의 욕망과 심리 현상이 어느 정도 관찰의 대상이 되고 있다. 과학의 모든 분야가 세상에 대한 인식을 변화시키지만, 뇌 과학은 인간의 마음에 대한 인식을 바꾼다는 점에서 매우 특별하다 할 수 있다.

과학, 물질의 탐구에서 의식의 탐구로 ● ● ● ●

인류가 지금까지 알아낸 지식 중 가장 위대한 것으로 '만물은 원자로 되어 있다'라는 명제를 꼽는 과학자들이 많다. 그런데 이런 원자에 대한 생각은 이미 기원전부터 있었다. 데모크리토스는 '만물은 원자로 되어 있고, 원자들이 최초의 원동자 없이 스스로 소용돌이 운동을 한다'고 보았다. 스토아학파는 불, 공기, 물, 흙의 결합으로 우주가 만들어졌다고 보았다. 이처럼 인류는 끝없이 자연 즉, 만물의 근원과 본질에 대해 탐험했고 생명과 영혼을 탐험했다. 그 덕에 정말 많은 것들이 밝혀졌지만, 정작 우리 자신을 지배하는 뇌에 대해서는 여전히 잘 모른다. 그래서 현대 과학의 마지막 과제 중 하나로 뇌를 꼽기도 한다.

과학으로 마음과 감정을 설명한다는 것은 어떤 의미일까? 아직 마음이나 감정은 과학으로 연구하기에는 너무 복잡한 주제이다. 그러니 지금은 물론이고 앞으로도 과학이 사람의 마음을 '완벽히' 설명해주지는 못할 것이다. 하지만 과학이 아닌 방법으로 이해하기에는 너무 소중한 주제이다.

우리는 차가 어떻게 작동하는지 원리를 모르지만 차를 잘 이용하고 있고, 뇌가 어떻게 작동하는지 원리를 모르면서도 뇌를 잘 쓸 수 있다. 그런데 자동차에 문제가 생기면 자동차의 구조와 작동 원리에 대한 이해가 필요해진다. 마찬가지로 뇌에 문제가 생기거나 이해하기 힘든 행동과 욕망을 이해하고자 한다면 뇌의 작동 원리에 대한 이해가 필요해진다. 문제의 원인이나 해결의 열쇠가 거기에 있기 때문이다. 뇌를 이해하면 사람을 헤아리는 마음, 세상을 보는 눈이 조금은 달라질 수 있다. 어떤 동기로 시작하든 뇌를 이해하면 할수록 자신에 대한 이해와 인간에 대한 이해가 깊어질 수 있다.

그래서인지 지금은 어떤 과학보다 뇌 과학에 대한 관심이 높아져 있다. 하지만 막상 뇌 과학을 공부하려면 막막하기만 하다. 단편적인 연구결과와 정보는 많지만, 원리로 연결되지 않아 힘 있는 결론에 도달하기 힘들다. 그냥 에피소드식 지식이 늘어난 것뿐이고, 그런 에피소드식 지식은 흥미롭기는 하지만 결정적인 문제에 답을 주지 못한다. 뇌에 관한 세포 레벨의 정교한 자료나 심리적 배경을 밝히는 개별적인 실험 자료는 정말 많지만, 그런 현상을 통합적으로 설명해주는 이론은 없다. 흥미롭고 뇌에 대한 새로운 면모를 알려주는 지식은 많지만, 아직 잘 연결이 되지 않아 안개 속을 헤매는 기분이 들 때가 많다.

아직은 알쏭달쏭한 뇌 과학 ● ● ●

미지의 지역을 탐색하려면 무엇보다 먼저 지도를 펼쳐볼 것이다. 그래야 전체적인 그림과 세부적인 내용을 체계적으로 머릿속에 담기 쉽기 때문이다. 그런데 뇌의 공부에도 지도와 같은 것이 있을까? 나의 뇌에 대한 탐험은 '우리 뇌는 어떻게 복잡한 성분의 요리에서 전체적인 맛을 알 수 있고, 부분적인 맛을 구별할 수 있는지 알기 힘들다'라는 문장에서 출발했다. 우리는 김밥을 먹으면서 김밥 전체가 맛있는지 맛없는지 알고, 김, 달걀부침, 단무지, 우엉, 햄, 당근 등과 같은 재료의 맛을 각각 따로따로 구분해 느낄 수도 있다. 많은 사람이 이것을 너무나 당연하게 여기지만 사실 각각 재료의 맛 차이는 향의 차이이고, 향은 다양한 향기물질의 조합일 뿐이며, 단무지 고유의 향기 성분이나 우엉 고유의 향기 성분이 따로 있는 것이 아니다. 이 말의 의미는 스피커에서 재현되는 소리를 생각해보면 좀 더 쉽게 이해할 수 있을 것이다.

우리는 스피커에서 나오는 사람의 목소리와 피아노 소리, 바이올린 소리를 따로 따로 듣고 구분할 수 있다. 3개의 스피커에서 3개의 소리가 따로 재생되면 당연히 구분되지만 하나의 스피커에서 하나의 파동으로 동시에 3가지 소리가 재생되어도 따로따로 구분해 들을 수 있는 것이다. 단 한 줄로 이어진 파형을 재현한 것인데도 우리는 어떻게 3가지 소리를 구분해서 들을 수 있을까? 심지어 오케스트라 지휘자는 수십 가지 악기가 동시에 내는 소리도 구분해서 들을 수 있다.

나는 이러한 분별 능력에 대한 실마리를 찾기 위해 뇌 과학을 공부했다. '맛을 구분하여 지각할 수 있는 원리'를 찾는다는 확실한 목표를 두고 공부했지만 역시 쉽지 않은 작업이었다. 그러다 나름의 답을 찾아 쓴 것이 『감각 착각 환각』이다. '지각은 미러뉴런 매칭 시스템을 통해 일어나는 감각과 일치하는 환각이다'가 내 나름의 결론이었다. 그것으로 착시, 착각, 환각, 지각 등 가지고 있던 궁금증이 많이 풀렸다. 인간의 탁월한 흉내 내기, 학습능력, 표정 읽기, 상대방의 마음 읽기, 공감능력, 문화현상을 뇌의 생물학적 메커니즘으로 해석하기가 가능해진 것이다.

뇌가 필요한 이유는 적절한 행동을 하기 위함이다. 동물은 '언제 어디로 움직일 것인가?' 같은 행동이 생사를 좌우한다. 조건반사적인 움직임은 신경세포 몇 개로 만들어진 회로로도 가능하지만, 복잡하고 정교한 행동을 위해서는 그만큼 더 큰 뇌가 필요하다. 그리고 그것을 조율하는 무언가가 바로 '감정'이다. 호랑이를 보고 호랑이인지 아는 지각 못지않게 적절한 감정 또한 중요하다. 무섭다는 감정이 들어야 적절한 행동이 가능한 것이다.

올바른 지각과 올바른 감정이 있어야 적절한 행동이 가능하다. 하지만 감정은 정말 복잡하고 제어가 쉽지 않다. 갑자기 호랑이가 눈앞에 나타났을 때 너무 무서워 꼼짝도 할 수 없으면 위험하고, 호랑이와 싸우려 할 정도로 겁이 없어도 곤란하다. 한 번 호랑이를 만난 이후에는 그런 위험한 상황을 피하도록 조심하는 정도의 공포감이 생존에 유리하다. 공포와 쾌감 같은 감정은 우리의 생존을 위한 것이지만, 어떤 때는 오히려 우리의 생존을 방해하기도 한다.

과학으로 마음과 감정을 설명한다는 것은
어떤 의미일까? 아직 마음이나 감정은
과학으로 연구하기에는 너무 복잡한 주제이다.
그러니 지금은 물론이고 앞으로도
과학이 사람의 마음을
'온전히' 설명해주지는 못할 것이다.
하지만 과학이 아닌 방법으로 이해하기에는
너무 소중한 주제이다.

PART TWO

POWER OF EMOTION

감정이

우리의 행동을

결정한다

1.
감정이 없다면
이성이 멀쩡할 수 있을까?

감정의 의미 ● ● ●

우리는 중요한 결정을 할 때 감정을 배제하고 이성적으로 판단하라고 배운다. 그런데 사실 판단하는데 있어 정작 중요한 것은 이성보다 감정이다. 다마지오 A. Damasio 가 1994년에 출간한 『데카르트의 오류』에는 감정이 정상적으로 작동하지 않아 파국적인 상황을 맞이하는 환자의 사례가 등장한다.

　30대 비즈니스맨인 엘리엇은 어느 날 뇌종양 수술을 받는다. 대수술이었지만 그래도 다행히 성공적이었다. 기억, 언어, 운동, 시각은 정상이었고 생활에도 큰 지장이 없는 듯 보였다. 그러나 엘리엇은 정상적으로 의사결정을 못하고 엉뚱한 말이나 행동을 반복해 결혼, 직업, 인간관계, 사업까지 모두 파탄에 이르고 말았다. 그렇다고 자신의 처지를 괴로워하지도 않았으며 슬픔이나 불안도 없었다. 스스로 감정을 억제해서 그런 것이 아니라 그냥 좋고 싫음을 느끼지 못했다. 오죽하면 그를 진료한 다마지오도 환자와 이야기하고 있으면 정작 슬퍼해야 할 당사자보다 의사인 자기가 더 괴로워하는 것 같다고 말할 정도였다. 엘리엇은 지능이 지극히 정상이었음에도 불구하고, 아침에 일어나 출근할 때 어떤 옷을 입어야 할지도 판단하지 못하고 우왕좌왕했다.

다마지오는 다양한 심리적, 생리적 시험들을 거친 후에야 이 문제의 원인을 알게 되었다. 뇌의 손상 때문에 지각은 멀쩡하나 감정이 사라져버린 것이었다. 엘리엇에게 불타는 집이나 물에 빠진 사람, 지진으로 부서진 집처럼 비참한 사진을 보여주면 그 상황은 정확히 인식했으나 상황에 맞는 감정은 전혀 느끼지 못했다. 적절한 감정이 발생하지 않아 적절한 반응_{행동}을 할 수 없었던 것이다.

우리가 어떤 의사 결정과 선택을 할 때면 반드시 감정이 개입한다. 사과를 봤지만 먹고 싶은 감정이 들지 않으면 내버려 둘 것이고, 백화점에 진열된 수백 벌의 옷을 봐도 사고 싶다는 감정이 들지 않으면 사지 않는다. 계속 굶어도 배가 고프다는 느낌이 들지 않거나, 배가 고픈 것을 느끼지만 먹을 것을 보고도 먹고 싶다는 감정이 들지 않는다면 생존 자체에 문제가 생기게 된다. 감정이 사라지면 적절한 행동이 불가능하고 이성도 그 의미를 잃기 쉽다.

지금까지 감정의 연구는 이성에 대한 연구에 밀려 홀대를 받아왔다. 사실 그동안 감정은 이성의 적이고, 고상한 삶의 방해물이자 천박한 것으로 생각하는 경우가 많았다. 우리는 항상 인간의 특별함을 이성적으로 생각하는 능력에서 찾았고, 감정은 이성의 반대말로 이성의 올바른 판단을 방해하는 장애물 정도로 취급했다. '이성을 잃었다'는 말을 들으면 뭔가 부정적이고 불길한 행동이 연상된다. 하지만 누구도 '감정을 잃었다'는 표현은 쓰지 않고, 그런 말을 해도 특별한 감정이 들지 않는다. 감정을 잃으면 얼마나 심각한 문제가 될지 생각조차 해보지 않은 것이다. 우리는 감정이 신속하고 현명한 판단을 도울 때는 그것에 감사하지 않는다. 사실 그런 판단에 감정이 개입했는지조차 인식하지 않는다. 그러다 잘못된 판단의 경우에만 감정을 인식하고 감정 탓을 하는 경우가 많다.

인공지능은 감정이 없다. 신경망과 로직을 통해 이성의 일부는 흉내 낼 수 있어도 인공지능에게 감정은 아직 꿈도 꾸지 못하는 영역이다. 물론 앞으로는 달라질지도 모른다. 인공지능에 대한 연구가 제대로 진행되면서 지능의 본질이 보이기 시작하고, 감정의 의미와 중요성을 이해하기 시작한 것이다. 신경과학과 진화심리학이 점점 성과를 보이면서 이성보다는 감정의 이해가 인간을 제대로 이해하기 위한 전제 조건이 되어가고 있다. 감정이 없으면 사이코패스가 되고 감정을 담당하는 편도체에 손상이 생기면 감정뿐 아니라 이성적 판단도 함께 흐려진다는 증거가 속속 보고되고 있기 때문이다. 감정의 이해가 지능의 핵심인 것이다.

감정이 어려워 정리해 보았습니다 ． ． ． ． ． ． ． ． ．

감정의 중요성, 감정이 이성의 지휘자다 ● ● ●

1950년대에 들어서면서 컴퓨터가 등장했고, 그때부터 인공지능과 로봇의 연구도 함께 시작되었다. 그래서 1960년대부터 바둑을 연구하는 과학자가 등장했지만, 연구는 지지부진했고 인공지능의 바둑은 아마추어 수준을 벗어나지 못했다. 그러다 보니 대부분의 사람들이 바둑만큼은 인간 고유의 영역이고, 인공지능으로도 해결할 수 없는 영역이라고 자신 있게 말했다. 하지만 2006년 컴퓨터 바둑에 '몬테카를로 트리 탐색MCTS' 방식이 도입되면서 비약적으로 발전하기 시작했고, 2015년 마침내 알파고가 등장하여 모든 것이 바뀌게 되었다. 최고의 프로기사를 연이어 격파하는 뛰어난 실력을 보여주었고, 금방이라도 인간보다 똑똑한 인공지능이 등장할 것 같은 충격을 주었다.

이에 비해 로봇에 감정을 부여하는 일은 아직까지 아이디어조차 없는 상태다. 감정이 지능의 핵심이라면 진정한 인공지능은 아직 요원한 일이다. 인공지능에 제대로 된 감정 시스템을 부여할 수 있게 되면 정말 제대로 된 인공지능의 빅뱅 시대가 열릴 것이다.

인간의 감정은 오랜 진화의 역작이다. 생존과 번식에 유리한 쪽에 쾌감을 부여하고 불리한 쪽에 통증을 부여하며 여기까지 인간을 끌고 왔다. 또 지능이 높아지고 사회성이 증가할수록 복잡한 감정을 만들어 다양한 상황에 대응해 왔다. 그런데 우리는 아직 감정의 구체적인 작용기작을 모른다. 심지어 감정의 의미마저 잘 모른다. 지각의 원리보다 감정의 원리를 이해하는 것이 훨씬 어렵고 가치 있는 일인데도 그렇다.

지금의 인공지능은 감정 보편적 가치 판단 시스템 을 갖추고 지능적으로 스스로 학습하는 장치가 아니다. 머신러닝 Machine Learning 은 아이들에게 그림카드를 주듯, 컴퓨터에게 고양이가 있는 사진과 고양이가 없는 사진을 주면서 "이건 고양이가 있는 사진이야", "이건 고양이가 없는 사진이야"라고 하나하나 알려준다. 그리고 컴퓨터가 그 차이를 '알아서' 터득하도록 한다. 그 대신 인공지능을 가르치려면 엄청나게 많은 데이터 즉, 고양이 사진이 필요하다. 게다가 머신러닝의 결과물은 범용성이 없다. 보편적 감정 시스템으로 발전하지 않았기 때문이다.

감정은 이성보다 근본적이다. 공포를 느끼면 우리 몸은 호르몬 분비를 촉진하고 근육에 많은 혈액을 공급해 도망갈 준비를 시킨다. 또한 놀라면 눈을 크게 뜨게 해서 시야를 넓혀준다. 더러운 것을 보면 혐오감이 들어 피하게 한다. 이처럼 뭔가를 지각하면 적절한 감정이 들어야 바로 행동을 할 수 있다. 감정이 행동의 지휘자이고, 이성은 나중에 그것을 합리화하는 정도에 불과한 것이다. 백화점에 아무리 많은 옷이 있어도 끌림이라는 감정이 없으면 옷을 선택하기 힘들다. 그 많은 옷 중에 왜 하필 그것을 골랐는지 물으면 이성은 감정적 선택에 대한 변명거리를 만들면서 이성적 선택을 했다고 위안하는 수준이다.

우리는 감정의 가이드로 행동하고 살아간다. 감정은 평가이자 보상 시스템인 것이다. 우리가 조건반사나 본능적인 행동으로 살아가고 있다면 그렇게 복잡한 감정은 없었을 것이다. 인간이 복잡한 감정을 가질 수 있었기에 다양한 환경에 적응해 결국 지구의 지배종이 되었다. 이성의 능력과 고도의 감정이라는 평가 시스템의 조화를 통해서 말이다.

감정의 관리, 많은 사람이 여행을 한다 ● ● ● ●

우리의 삶에 가장 일상적이며 강력한 영향을 미치는 것이 감정이다. 감정은 우리가 숨 쉬는 것처럼, 의식을 하든 못하든 마음속에서 끊임없이 작동한다. 그런 감정이 우리의 삶에 행복감을 주기도 하고, 때로는 자살을 생각할 정도로 힘들게 하기도 한다. 감정은 사람이 살아가게 하는 힘이자 고통의 원천이다.

우리나라의 자살률은 OECD 회원국 가운데 1위다. 2018년 기준으로 하루 평균 37.5명, 연간 1만 3,670명이 스스로 목숨을 끊은 것이다. 10~30대 사망원인 1위도 자살이다. 현대 과학과 기술이 사고와 질병을 줄이는 데 성공했지만 자살을 막는 데는 실패한 것이다. 이런 자살의 원인이 이성적이고 객관적이라면 좀 더 효과적인 해법을 기대할 수 있겠지만, 주관적이고 감정적인 경우가 많아 쉽지 않다. 그만큼 마음의 관리는 어려운 것이다. 더구나 우리의 감정과 쾌감 시스템은 수백만 년 전 환경에 적합한 것이라 현대의 환경과 맞지 않아서 많은 문제를 일으키기도 한다. 원시적 몸이 만든 감정과 욕망을 제대로 이해하고 타협하는 방법을 알아둘 필요가 있는 것이다.

많은 사람들이 여행을 간다. 여행의 목적은 다양하다. 새로운 곳을 탐험하면서 견문과 지식을 넓히기도 하지만, 여행의 목적이 단순히 지식이라면 TV나 강연 등을 통해 습득하는 것이 시간과 비용 측면에서 더 효율적일 것이다. 하지만 그런 방법으로는 도저히 해결할 수 없는 것이 있다. 감정의 전환과 만족이다. 많은 사람들이 여행을 하면 스트레스가 풀린다고도 한다. 여행을 통해 낯선 풍경을 눈에 담는다고 하지만, 그것을 통해 얻어지는 것은 지식보다는 일상에 매몰되어 무뎌진 감각과 감정을 깨우는 것이다. 뇌의 잠자던 부위를 깨워 다시 일상을 버틸 여유와 여력을 만드는 것이다. 우리가 집이 가장 편하다고 하면서도 여행을 떠나는 것은 여행에 드는 시간과 비용보다는 훨씬 큰 감정적 만족을 얻을 수 있기 때문이다. 그 힘으로 일상을 버틴다.

운동도 마찬가지다. 나이가 들면 육체적인 힘을 키우는 것보다 감정적인 힘을 키우는 역할이 많아진다. 우리의 몸과 마음은 따로 있는 것이 아니기 때문에 운동으로 몸을 풀면 마음도 풀리고, 몸에 힘이 붙으면 마음에도 힘이 붙는다. 마음의 관리는 의지나 생각보다는 행동과 훈련을 통해 조절된다. 우리가 가끔 여행을 하듯이 감정에 대해서도 여행하듯 잘 탐구하고 준비해 볼 필요가 있다.

감정이 어려워 정리해 보았습니다

인간의 감정은 오랜 진화의 역작이다.
생존과 번식에 유리한 쪽에 쾌감을 부여하고 불리한 쪽에
통증을 부여하며 우리를 여기까지 이끌어 왔다.
지능이 높아지고 사회성이 증가할수록 복잡한 감정을 만들어
다양한 상황에 대응해 왔다. 그런데 우리는 아직 감정의
구체적 작용기작을 잘 모른다. 심지어 감정의 의미마저 잘 모른다. 지각의 원리보다
감정의 원리를 이해하는 것이 훨씬 어렵고 가치 있는 일인데도 그렇다.

PART THREE

POWER OF EMOTION

살아가기

위해서는

즐거워야 한다

1.
삶 자체가
고통이었던 여성

2018년 1월, 네덜란드의 한 여성이 의사가 준 독약을 먹고 숨을 거두었다. 그녀 스스로 그토록 원하던 죽음이었다. 안락사는 네덜란드에서 합법이고 그녀의 죽음도 국가로부터 허가받은 것이었지만, 그럼에도 언론은 이 죽음을 대서특필했다. 신체가 아닌 '정신질환'을 이유로 안락사 허가를 받았기 때문이었다. BBC는 이 여성, 오렐리아 브라우어스의 죽음을 되돌아보는 기사를 내보냈다.

> **관계자(안락사 기관)** 어서 오세요.
>
> **오렐리아 브라우어스(신청자)** 안녕하세요.
>
> **관계자** 여길 둘러보고 싶으시다고요.
>
> **오렐리아** 네, 그리고 제가 음악을 가져왔는데 틀어주실 수 있나요?

관계자 물론이죠. 자, 가실까요?

오렐리아 제 이름은 오렐리아, 안락사를 선택했습니다. 정신적 문제가 너무 많아서 숨 쉴 때마다 고통스럽거든요.

기자 오렐리아는 열두 살 때부터 우울증을 앓아왔습니다. 분노와 불안감을 자주 겪고, 대인관계의 어려움이 생기는 '경계성 인격 장애' 진단도 받았습니다. 툭하면 자살 충동을 느꼈고, 환청까지 들리는 지경에 이르자 그녀는 결국 안락사 기관을 찾았습니다. 스스로 정한 안락사 날짜까지 일주일이 남자, 오렐리아는 마트에 쇼핑을 가고 친구들을 만나는 등 평소와 같은 나날을 보냈습니다.

관계자 장례 행렬이 도착하면 다들 차를 세울 거예요. 그리곤 장례차를 따라가죠. 관은 차에서 꺼내져 이 건물로 옮겨질 거고요. 가족용 방이 여기 있거든요.

오렐리아 안락사 날짜가 다가올수록 저는 점점 준비가 되어갔어요. 아침이 올 때마다 *"그래, 또 하루 가까워졌어."* 하고 생각했죠.

오렐리아는 마지막 일주일을 좋아하는 이들과 어울리고, 수공예를 하거나 자전거를 타는 등 평소와 다름없는 시간을 보냈다. 자신의 장례식이 치러질 화장장을 둘러보기도 했다. 그리고 2018년 1월 26일 금요일 오후 2시, 오렐리아는 의사의 도움을 받아 약물을 들이킨 뒤 천천히 생을 마감했다. 향년 29세의 나이였다.

안락사는 대부분의 나라에서 불법이지만, 네덜란드는 '호전될 가능성이 없는 참을 수 없는 고통', '합리적인 대안의 부재'라는 두 가지 기준을 충족하면 안락사를 허용한다. 그리고 이런 기준은 말기 암 환자에게 잘 들어맞는다. 실제로 2017년 네덜란드에서 안락사로 숨진 6,585명 대부분이 신체적 질병을 가진 사람이었다. 83명만이 정신적인 고통을 이유로 죽음을 선택할 수 있었다.

오렐리아는 12살 때부터 우울증을 앓았다. 경계선 인격 장애, 애착 장애, 만성 우울증, 만성적인 자살 충동, 불안감 등의 정신적 고통을 받은 것이다. 다큐멘터리에서 그녀는 행복한 적이 없다고 말했다. "나는 행복의 개념을 모릅니다. 저는 제 몸과 머릿속에 갇혀 있어요. 그저 자유롭고 싶을 뿐이에요." 그녀는 숨을 쉬는 것조차 고통스러워했다. 하지만 의사들은 그녀의 안락사를 허용하지 않았다. 그래서 그녀는 헤이그에 있는 〈생명의 종말 클리닉 The End of Life Clinic 〉을 찾았다. 안락사를 거절당한 이들이 마지막으로 찾는 곳이다. 그곳에서조차 정신질환 관련 안락사 신청은 승인률이 10% 정도에 불과하며, 승인 과정에도 수년이 걸린다고 한다.

안락사 당일, 의사가 오렐리아를 찾았다. "당신이 정말로 원하는 것인가요? 약간이라도 의심이 있다면 되돌릴 수 있습니다." 하지만 그 어떤 환자도 이 마지막 질문에 망설인 적이 없다고 한다. 오렐리아는 스스로 약을 마셨다. "쓴맛이 난다고 해요. 그래서 한번에 마셔버리려고요." 다큐멘터리에서 그녀가 남긴 마지막 말이었다.

우울증도 신체적 통증이다 ● ● ●

즐거움이 없고 우울한 것이 그렇게 견디기 힘든 고통일까? 우리도 우울하고 즐겁지 않을 때가 있지만, 그녀와 같은 정도의 우울증이나 행복 불감증을 겪어보지 못했기 때문에 그녀의 선택을 이해하기 쉽지 않다. 누구나 즐겁고 행복하기를 바란다. 그래서 수천 년 전부터 어떻게 하면 행복할지를 다양한 문화권에서 고민해왔지만 아직도 정답은 없다. 행복을 찾아 성현, 철학자, 성공한 이의 행복론에 귀를 기울여 보아도 자신의 삶에 적용해 행복해지기는 쉽지 않다. 그래서 행복에 대해 많이 고민한 누군가는 행복은 없고 그저 인간이 살아가게 하는 수단으로써 행복감만 있을 뿐이라고 했다. 어쩌면 그 말이 더 진실에 가까울지도 모른다.

행복감 또는 즐거움을 전혀 느끼지 못하면 우울증이 된다. 우울증은 그렇게 간단한 것이 아니다. 환자에게 다른 것과 비교할 수 없는 고통을 주고, 환자가 다른 생각을 하는 것이 불가능하도록 극도의 절망감에서 허우적거리게 한다. 그래서 주변의 도움에도 우울증에서 헤어나지 못하고 자살을 하는 사람이 많은 것이다.

우울증의 또다른 이름은 '현대의 역병'이다. 옛날에 맹위를 떨쳤던 흑사병, 결핵, 천연두 같은 전염병처럼, 전 세계적으로 번지고 있는 흔하고 무서운 질환이 되어가고 있다는 뜻이다. 슬프고 가라앉는 기분은 누구나 일상적으로 경험하지만, 그 강도가 심하고 오래 지속되면 정신 장애로 분류된다. 우울증에 빠지면 하루 종일 슬프고 공허하고, 식욕이 갑자기 늘거나 줄고, 잠이 갑자기 늘거나 줄고, 일, 친구, 성관계 등 거의 모든 활동에 흥미를 잃고, 어떤 생각을 곱씹어 반복하는 등의 행동이 2주 이상 이어진다. 당연히 생활에 큰 지장을 초래하게 된다.

세계보건기구WHO 는 2030년이 되면 인류에게 부담을 주는 질환 가운데 우울증이 2위를 차지할 것이라 예측했다. 이처럼 엄청난 손해를 끼치지만, 당사자가 아니면 이해하기 힘들고 다른 정신 장애와 달리 어디에서나 볼 수 있을 정도로 흔하다. 미국인이 평생 주요 우울 장애에 적어도 한 번 이상 걸릴 가능성은 23%나 된다. 반면에 조현병은 0.7%에 불과하다. 우울증은 사회적인 계층, 지식 수준, 나이, 경제적 상태와는 상관없이 언제, 누구에게나 찾아올 수 있는 질병이다. 평화로운 삶을 완전히 망가뜨리고 심지어 목숨까지 앗아간다. 하지만 우리는 자신이 직접 경험해보기 전에는 우울증과 같은 정신적인 문제에 관심을 가지거나 심각성을 이해하기 힘들다.

우울증은 신체적 통증과 닮았다. 우울증의 치료제에 사용하는 항우울제는 우울증 여부와 상관없이 진통작용을 발휘한다. 통증 치료제가 우울증에 효과가 있는 것이다. 그리고 통증 환자의 1/3이 우울증을 지니고 있고, 우울증 환자의 3/4이 통증을 포함한 신체적 증상을 지니고 있다. 특히 노인의 경우에 그렇다. 우울증이 곧 만성 통증이고, 만성 통증이 곧 우울증인 것이다. 우울증은 통증을 악화시키고 통증은 우울증을 악화시킨다. 몸에 아픈 곳이 많을수록, 통증이 강할수록 심한 우울증이 되기 쉽다.

심지어 우울증이 없는 순수한 만성 통증도 항우울제로 치료가 되기도 한다. 항우울제란 세로토닌을 증가시키거나 노르에피네프린을 증가시키는 약물이며, 또는 이 두 물질 모두를 증가시키는 약물이다. 정신적 질병이 육체적 질병과 많이 닮은 것이다.

뇌를 지배하는 것은 의지일까, 화학물질일까? ● ● ●

만약에 우울증이 순수하게 정신적인 문제라면, 약물화학물질 로 완화되는 것이 이해가 가지 않을 것이다. 실제로 우울증 치료제가 나오기 전까지 우울증은 정신적 성향, 기질적인 문제로 여겨졌고, 약물로 치료될 질병으로 생각하지 않았다. 그러다 다국적 제약회사 〈일라이 릴리Eli Lilly and Company〉가 체내에 신경전달물질인 '세로토닌'이 늘어나면 우울증 환자의 증세가 눈에 띄게 호전한다는 것을 발견하고는 세로토닌의 농도를 높여주는 플루옥세틴 원료를 이용해 기적의 우울증 치료제라 불리는 '프로작'을 만들어 출시했다.

1987년 미국 식품의약청FDA 의 승인을 받은 프로작은 우울증에 대한 우리의 생각을 완전히 바꾸어 놓았다. 이전까지 우울증 환자는 이상한 정신질환에 걸린, 약간 미친 사람처럼 여겨져 사회에서 고립되기 일쑤였지만, 프로작의 치료 효과가 알려지면서 우울증은 신경전달물질의 이상에 따라 생긴 '생리적 질환'임을 사람들이 인식하기 시작했다. 다른 질병처럼 약물신경전달물질 을 통해 조절하고 치료가 가능해진 것이다.

항우울제는 우울증뿐 아니라 그에 대한 불안까지 줄여주어 기분이 좋아지는 효과가 있다. 그래서 항우울제의 효과를 경험한 환자는 이렇게 말한다. "짜증을 내고 싶지 않고, 내가 왜 짜증을 내는지도 아는데 자꾸만 짜증이 나더라고요. 알고 보니 내 몸 안의 신경전달물질이 나를 자꾸 짜증나게 만드는 거잖아요. 내가 내 몸을, 세로토닌을 지배하지 못한다는 사실이 억울해요. 이제라도 알게 되어 다행입니다."

의지만으로는 우울증을 극복하기 힘들다. 자신의 뇌에서 분비되는 세로토닌을 자신의 의지력으로 조절할 수 없기 때문이다. 그런데 항우울제라는 약물은 세로토닌을 조절하여 기분을 개선한다. 이런 항우울제의 등장은 우리의 감정을 지배하는 것이 인간의 의지인가, 몸속의 신경전달물질인가에 대한 근본적인 질문을 던진다. 항우울제의 사용 범위를 두고서도 찬반이 교차한다. 과연 무엇이 우울증이고 무엇이 우울증이 아닌가? 삶의 고민거리가 모두 우울증인가? 그럼 이에 대해서도 약물을 처방해야 하는가? 하는 질문도 등장한다.

우울증 치료 초기에는 항우울제의 힘이 80이라면, 개인의 의지력 같은 심리적 힘이 20 정도의 역할을 맡는다고 한다. 처음에는 항우울제의 도움이 없이는 힘들고 차츰 마음의 힘이 세진 뒤에야 항우울제 없이도 이겨낼 수 있다고 한다. 하여간 생물학적 치료가 먼저인 셈이다. 우울증은 우리 정신에 대한 많은 질문을 던져준다. 약물을 먹고 행복해지면 우리는 과연 자유의지가 있는 것일까? 약물을 먹고 감정이 관리된 내가 진짜일까, 아니면 끝까지 고통을 참고 견뎌야 할까?

우울증은 즐거움이 없는 상태 ● ● ● ●

우울증은 발병하면 최악의 경우 자살로 끝날 가능성이 높은, 위험하고 파괴적인 정신질환이다. 그렇다면 우리는 우울증에 대해 얼마나 알고 있을까? 처음에는 '마음의 질환'이라고 생각하고 심리학적 관점이나 개인적 요인에 집중한다. '마음먹기에 따라 달라진다.' 또는 '긍정적으로 생각하라'는 처방은 그저 개인에게서 원인을 찾고, 해결도 개인의 노력에 의지해야 하는 질환이라는 인식에서 비롯된 것이다. 하지만 신경과학적으로 봤을 때 우울증은 개인의 의지나 노력의 문제라기보다는 '뇌'가 작동하는 방식에 의한 생물학적 질환이다.

뇌에서는 신경가소성이라는 현상이 일어나는데, 이것이 바로 우울증을 만드는 핵심요인이기도 하다. 뇌의 신경가소성으로 인해 마음이 점점 한쪽 방향으로 빠져드는 것이다. 우울증이라는 늪의 가장자리에서 빠져나오거나 멈추면 좋을 텐데, 소용돌이처럼 우리를 휩쓸어 늪의 바닥으로 끌어내리는 흡인력으로 작동한다. '하강나선'에 빠져 점점 침체의 늪에서 헤어나기 힘들어지는 것이다.

하강나선이 무서운 것은 우울증이 단순히 기분을 저조하게 만드는 것이 아니라 그 저조한 상태를 계속 유지하거나 더욱 저조한 상태로 만들려는 성질이 있기 때문이다. 그로 인해 우울증을 해소하는데 도움이 되는 방향으로 생활을 바꾸는 것이 더 힘겹게 느껴진다. 운동을 하면 도움이 된다지만 운동할 기분이 아니고, 밤에 잘 자는 것이 도움이 된다지만 불면증을 일으킨다. 친구들과 무언가 즐거운 일을 하는 것이 도움이 된다는데, 즐거워 보이는 일은 하나도 없고 모든 사람들이 귀찮게 여겨진다. 우울증은 중력처럼 인정사정 보지 않고 밑으로 끌어당긴다.

우울증은 슬픔이 과도한 것이 아니라 즐거움이 전혀 없는 심리 상태다. 우울증 환자가 슬픈 영화를 보면 똑같이 슬픔을 느낀다. 그런데 코미디 영화를 봐도 즐겁지 않거나 오히려 슬픔을 느끼기도 한다. 즉 어디에서도 즐거움을 느끼지 못하는 것이 문제다. 뇌 속의 쾌감회로는 운동, 쇼핑, 종교, 학습 등에 작용하여 우리의 삶을 활성화시키고, 사회를 이루고 살아가는 힘이 된다. 우리가 선하다고 여기는 많은 행동도 쾌감회로가 중요하다는 것이다. 여러 가지 명상이나 기도, 사회적 인정, 심지어 자선 기부도 쾌감회로가 작동한다. 쾌감이 우리 생활의 나침반인 것이다. 그런데 우울증은 그 나침반을 잃어버린 상태이다.

우울증에 그나마 효과가 있는 것은 걷기와 같은 운동이라고 한다. 행동이 바뀌면 신경도 바뀌고 감정도 바뀐다. 걷기는 인류의 가장 오래되고 익숙한 운동이다. 운동을 하면 수면 시 뇌의 전기 활동에 변화가 일어나고, 이는 다시 불안을 줄이고 기분을 향상시켜 운동할 수 있는 에너지를 더 많이 만들어낸다. 고마운 마음을 표현하면 세로토닌이 생성되어 다시 기분이 좋아지고 나쁜 습관을 떨치게 도와주어 고마워할 일이 더 많이 생긴다. 어떤 작은 변화라도 뇌가 상승나선의 시동을 거는 데 필요한 바로 그 힘이 될 수 있다. 우울증을 단숨에 해결하는 정답은 없다. 대신 작은 해법이 여러 가지 존재하는데, 그중 하나만 잘 활용해도 효과를 볼 수 있다.

아플 때 아픈 이유를 모르면 더 아프고 불안하다. 실체가 없는 마음의 질병, 뇌의 통증 같은 것이 오히려 우리를 더 불안하게 한다. 원인만 알아도 마음이 편해진다. 통증도 이해를 하면 타협하고 더 쉽게 참을 수 있는 요령이 생긴다. 내가 감정의 원리를 알아보고자 하는 이유도 여기에 있다.

2.
우리는 통증을
잘 모른다

앞서 우울증에 대해 이야기했지만 사실 나는 우울증이 어떤 것인지 잘 알지 못한다. 직접 우울증을 겪어보지 않았기 때문이다. 출산의 고통을 겪어보지 않아 출산의 고통을 모르는 것처럼 말이다. 현대 의학은 산모들을 위해 '무통분만'을 개발했다. 그 덕에 많은 산모들이 조금 덜 고통스럽게 아이를 낳을 수 있게 되었다. 그런데 영국에 처음 무통분만 시술이 소개되었을 때는 목사들의 거센 반대에 부딪쳤다고 한다. 여자가 아이를 낳을 때는 해산의 고통을 느껴야 한다는 기록이 성경에 있다는 이유였다. 이 사건은 당시 영국 여성단체의 극심한 분노를 불러왔다. 만약 목사들이 아기를 낳는 고통을 직접 경험해 봤다면 선뜻 무통분만을 반대하기 힘들었을 것이다. 아니, 현대 과학이 밝힌 내용만 알았더라도 무통분만을 반대하지 못했을 것이다. 우리 몸에는 이미 무통주사가 내장되어 있기 때문이다.

1975년, 우리 뇌에 모르핀보다 훨씬 강력한 내인성 마약물질이 만들어진다는 사실이 밝혀졌다. 그 물질은 뇌 속에 만들어지는 내인성 모르핀Endogenous Morphine 이라는 뜻으로 '엔도르핀Endorphine'이라 이름 지어졌다. 엔도르핀은 외부에서 주입한 모르핀보다 100~800배에 달하는 강력한 쾌감을 만든다. 하지만 그 양이 너무나 적어서 심한 고통을 달래는 진통제 역할 정도밖에 하지 못한다. 이 엔도르핀이 가장 많이 나올 때가 출산할 때와 죽는 순간이라고 한다. 엔도르핀이 신의 섭리라면 출산의 고통을 줄여주는 것 또한 신의 섭리인 것이다.

아픈 사람의 마음은 아파본 사람만이 느낄 수 있다. 통증의 비극은 다른 이와 공유할 수 없다는 점이 가장 크다. 그래서 프랑스 소설가 알퐁스 도데는 "통증은 내게는 언제나 새롭지만, 지인들에게는 금세 지겹고 뻔한 일이 된다"라고 말했다. 통증은 지극히 개인적이라 누가 대신할 수 없다. 그래서 아픈 사람을 더욱 소외시킨다. 두통이 특히 그렇다. 상처가 보이는 통증은 그나마 공감이 쉽지만, 외부에 상처가 없는 우울증이나 두통은 꾀병처럼 보이기도 한다. 그래서 본인이 직접 같은 통증을 겪어보기 전에는 그 심각성에 공감하기 어렵다.

이처럼 통증은 삶의 질을 떨어뜨리는 결정적인 요인 중 하나이지만, 통증에 대한 우리의 이해는 아직 너무나 부족하다. 이는 과거부터 오랫동안 이어져온 것이다. 근대 이전 사람들은 통증을 은유로 가득한 신비의 영역으로 여겼다. 고대 메소포타미아에서는 날개를 활짝 펼친 마신魔神이 통증을 일으킨다고 여겼고, 유대교와 기독교에서는 인류가 에덴

동산에서 쫓겨난 다음부터 통증이 시작됐다고 믿었다. 또다른 수많은 종교에서는 통증을 긍정적인 영적 변화를 일으키는 힘으로 생각해 순례자와 고행자는 신에게 가까이 가려면 고통스러운 제의에 참여해야 하며, 순교자는 고통스러운 죽음을 달게 받아야 했다. 이런 전근대적인 통증에 대한 관점은 여전히 곳곳에 남아 있다. 요즘 수술실에서 마취를 하지 않고 수술을 하겠다는 의사가 있다면 '미쳤다'는 소리를 들을 것이 뻔하다. 그러나 19세기 중반, 에테르 기체를 흡입하면 마취가 되어 고통을 줄일 수 있다는 사실이 밝혀졌음에도 불구하고 당시 의사들은 수술은 당연히 통증을 수반하는 것이고, 오히려 건강하기 때문에 비명을 지를 수 있다고 생각해 마취제 사용을 거부하기도 했다. 이런 생각은 얼굴을 달리 해 아직도 우리 주변에 일부 남아 있다. 게다가 아직 진통제로도 해결되지 않는 통증도 많다.

잘못된 통증, 편두통(Migraine) ● ● ·

'그놈'이 찾아오면 환자는 조용히 방으로 물러나 커튼을 치고 자리에 눕는다. 점점 증상이 심해지면서 무기력, 무감각 상태가 된다. 담요를 머리끝까지 뒤집어쓰고 바깥세상과 자신을 격리한 채 내면으로 침잠한다.

『편두통 Migraine 』은 올리버 색스가 처음으로 쓴 책이다. 1970년에 첫 출간이 되었고, 1992년에 개정판이 나왔다. 올리버 색스는 '편두통'이라는 주제에 각별한 애정을 가지고 있다. 스스로가 어렸을 때부터 편두통에 시달렸고, 편두통 발작을 겪으며 이에 동반되는 시각적인 환각을 경험했기 때문이다. 통증은 참을 수 없이 강력하다. 드물게 12시간 넘게 지속되기도 하지만, 발작은 대개 2~3시간 정도 진행된다. 발작의 멈춤도 명확한데 갑자기 정상 기능으로 돌아간다. 편두통은 불가항력적인 힘에 의해 실행되고 순식간에 마무리되는 것이다.

편두통의 고통은 제대로 걸려본 사람만 안다고 한다. 통증 발생 후 점점 고통이 심해져 걷기도 힘들 정도로 머리가 아파지면 한쪽 머리를 잘라버리고 싶은 충동을 느낄 정도라고 한다. 눈이 미칠 듯이 아파지면 머리랑 눈을 함께 뽑아버리고 싶은 충동마저 느낀다. 속이 울렁거리고, 구토를 계속해서 속에 든 것이 없는 사람도 투명한 위액을 게워낸다. 심장 박동이 느껴지고, 뛸 때마다 극도로 아프다. 숨쉬기가 불편해지다 갑자기 숨이 막힌 것처럼 미친 듯이 답답해진다.

소리도 고통이 된다. 호루라기 소리를 듣고 그 자리에서 혼절할 것 같은 충격을 느끼는 사람도 있다. 의식은 뚜렷하지만 고통 때문에 생각이 이어지지 않으므로 이 순간만큼은 거의 정신질환 환자로 봐도 무방하다. 그리고 공간과 시간의 왜곡, 꿈을 꾸는 듯한 상태, 정신착란이나 환각 상태 같은 것까지 나타난다. 시각적 편두통도 흔하여 이를 겪는 동안에는 아주 다양한 시각적 환각을 경험하고, 그러다 갑자기 실신하기도 한다. 그래서 편두통을 자주 앓는 사람은 전조가 느껴지면 미리 안전하게 쉴 공간을 찾아 누워서 사태에 대비한다.

이런 편두통의 고통에 대한 묘사는 적어도 2,000년 전부터 있었지만, 편두통에 대해 알려진 바는 매우 적고 연구도 제대로 이루어지지 않았다. 편두통은 의사들과 연구자들의 무관심 속에 방치되어 있었으며, 환자들은 자신이 겪는 증상에 대해 알지 못해 더욱 두려움과 고통을 겪어왔다. 이 병에 대해 전혀 모르는 상태에서 편두통을 겪으면 자신이 상당히 심각한 질병에 걸렸거나, 미쳐가고 있거나, 죽어가고 있다고 생각하기 쉽다고 한다. 그러다 그것이 구체적인 이름마저 있는 나름 흔한 질병이라는 것을 알게 되면 그제야 안심한다고 한다. 사실 병은 어떤 병인지 모르고 있을 때 가장 무섭다. 심한 고통도 본인이 예상한 만큼의 고통이면 덜 두렵게 된다. 우울증과 편두통 말고도 우리의 삶을 파괴하는 통증은 수없이 많다.

고장 난 경보기, 만성 통증 ● ● ·

편두통은 그나마 다행히 발생 확률이 낮은 면이다. 반면 만성 통증은 나이가 들면 겪을 확률이 높아진다. 보통의 상처는 치료되면 통증도 사라지는데 만성 통증은 치료하여 원인을 제거해도 계속 남는다. 급성 통증이 상처를 알리는 경보기라면 만성 통증은 시도 때도 없이 울려대는 고장 난 경보기다. 미국은 5명 중 1명이 만성 통증을 앓고 있고, 국내 추정 환자도 대략 그 정도이다. 만성 통증은 생각보다 많은 반면, 대중의 인식이 낮아서 병원을 찾는 만성 통증 환자는 5%에 지나지 않는다. 아마도 참는 게 미덕이라는 한국적 정서 때문에 더 심한 것 같다. 만성 통증은 집중력과 기억력 감소, 수면장애, 활동범위 축소를 가져오고, 우울증도 동반한다. 따라서 직장 생활이나 여가 활동, 집안 일이 힘들어지고, 가족·친구 관계에 문제가 생기는 등 사회생활을 정상적으로 할 수 없게 된다.

만성 통증 환자 중에는 말기 암 환자처럼 참을 수 없는 고통에 시달리는 경우도 있다. 그런데 이들 가운데 지옥 같은 고통에서 벗어나 삶이 천당처럼 바뀐 사람들이 있다. 바로 패치형 마약성 진통제 덕분이다. 이들은 마약성 진통제를 권했던 의사를 생명의 은인으로 여긴다고 한다. 비非 마약성 진통제로는 한계가 있는 경우 마약성 진통제가 매우 효과적일 수 있는데, 환자 중에는 마약에 대한 막연한 두려움 때문에 꺼리는 경우가 많다고 한다. 그래서 심한 고통을 받으면서 치료를 지연시킨다. 이것은 수술에 통증은 당연한 것이니 마취제를 사용하지 않겠다던 과거의 의사와 같은 엉터리 생각이다. 마약성 진통제의 중독 가능성은 0.2% 이하이다. 마약성 진통제를 쾌감을 일으킬 정도로 많이 쓰지 않기 때문이다.

마약이라는 이름 자체에도 오해가 있다. '마약痲藥'이라는 이름은 원래 마취痲醉 작용이 있는 약藥이라는 한자에서 유래했지만, 마법이나 악마의 약이라는 의미의 '마약魔藥'으로 오해하는 경우가 있다. 한 번 먹으면 평생 먹어야 하는 '악마의 약물質'이라는 선입견 때문에 제대로 사용하면 약이 된다는 사실을 알지 못한다. 아무리 좋은 약도 과하면 독이 되고, 아무리 맹독성 물질도 충분히 희석하면 약이 된다. 특히, 신경전달에 관여하는 물질은 그렇다. 우리는 마약이라는 물질에 중독되는 것이 아니라 마약을 내부의 쾌감 신호물질로 착각한 쾌감회로가 만든 쾌락에 중독되는 것이다. 그래서 어떠한 물질이든 그런 쾌락을 주면 뇌는 만족한다. 만성 통증 환자의 경우 뇌의 마약 수용체가 현저히 줄어 있고, 쾌락을 느끼는 신경반응체계 일부가 차단돼있기 때문에 마약성 진통제로 쾌락을 느끼거나 중독될 위험이 매우 적다. 통증이 사라진 그 자체가 천국이지, 쾌감이 높아 천국이 아닌 것이다. 우리는 통증도, 진통제도, 마약도 여전히 잘 모르고 있다.

편두통의 고통은 제대로 걸려본 사람만 안다고 한다.
통증 발생 후 점점 고통이 심해져 걷기도 힘들 정도로 머리가 아파지면
한쪽 머리를 잘라버리고 싶은 충동을 느낄 정도라고 한다.
눈이 미칠 듯이 아파지면 머리랑 눈을 함께 뽑아버리고 싶은 충동마저 느낀다.
속이 울렁거리고, 구토를 계속해서 속에 든 것이 없는 사람도
투명한 위액을 게워낸다.
심장 박동이 느껴지고, 뛸 때마다 극도로 아프다.
숨쉬기가 불편해지다 갑자기 숨이 막힌 것처럼 미친 듯이 답답해진다.

이런 심한 통증도 본인에게나 심각하지, 지인에게는 금세 지겹고 뻔한 일이 된다.

3.
통증과 쾌감은
생각보다 닮았다

통증은 우리 삶의 질을 결정적으로 떨어뜨린다. 반면, 우리는 통증에 대해 잘 알지 못한다. 통증은 뇌가 만든 것이 확실하지만, 구체적으로 어떻게 만드는지는 잘 모른다. 통증에 대한 과학적 설명이 워낙 부족하여 통증 또한 뇌가 만든 것이라는 사실을 깜박하는 경우가 많다. 쾌감에 대한 자료는 그나마 많다. 아마 통증을 추구하는 경우는 드물고, 쾌락을 추구하는 노력은 많기 때문일 것이다. 같은 실험이라도 통증을 주는 연구보다 쾌감을 주는 연구가 도덕적 논란의 대상이 될 가능성이 적은 이유도 있을 것이다. 그렇다면 우리는 지금 쾌감이라도 제대로 이해하고 있을까?

'쾌락Pleasure'은 삶이 유쾌하고 기쁘고 즐거운 상태라고 사전에 정의되어 있다. 그런데 삶이 유쾌하고 즐겁다는 것이 어떤 상태인지 객관적으로 정의하기는 무척 어렵다. 심지어 경우에 따라 어떤 이에게 유쾌한 것이 다른 이에게는 불쾌할 수도 있다. 쾌락의 회로는 즐거움만을 관장하는 것이 아니라 고통에도 관여한다. 쾌감이 도파민에 의해 나온다면 도파민이 부족해질 때 즐거움도 없는 상태가 되어야 할 텐데, 간혹 통증의 상태가 되기도 한다. 쾌락 회로와 통증 회로는 상당히 겹치는 부분이 있고, 도파민의 양에 따라 충분하면 쾌감, 과하면 환각, 적당하면 일상, 부족하면 통증이 될 수 있는 것이다.

그래서 우리는 항상 도파민 회로가 꾸준히 활성화되기를 원한다. 활성화가 계속 부족하면 통증이 된다. 그러니 쾌락과 통증은 종이 한 장 차이다. 맛에서 가장 뜨거운^{매운} 맛과 가장 차가운 맛이 겹치는 것과 비슷한 현상이다. 우리 몸에는 몇 종의 온도 수용체가 있는데, 대표적인 것이 15℃ 이하를 감각하는 'TRPA1', 25℃ 이하를 감각하는 'TRPM8', 그리고 43℃ 이상을 감각하는 'TRPV1'이다. 캡사이신은 이 중에 뜨거움을 감각하는 TRPV1과 결합하는 능력이 있다. 목욕탕에서 견디기 힘든 열탕의 온도가 대략 43℃인데, 우리의 몸은 43℃ 이상을 감각하는 온도 수용체가 한꺼번에 많이 열리면 화상을 입는 것 같은 뜨거움으로 감각한다. 고추와 비슷한 자극을 주는 겨자와 와사비는 고추와 정반대로 가장 차가운 온도를 감각하는 TRPA1을 자극한다. 그런데 겨자와 와사비를 먹으며 '차갑다^{Cold}'고 말하는 사람은 없다. 가장 차가움을 감각하는 TRPA1과 가장 뜨거움을 감각하는 TRPV1가 뇌에서 연합하는 부위가 많이 겹치기 때문에 구분이 잘 안 되는 것이다.

통증도 그렇지만 공포도 잘 구분되지 않는다. 폐소공포증은 엘리베이터, 터널, 비행기 등 닫힌 공간에 있는 것을 두려워하고 불안감을 호소하는 것이다. 두렵고 불안감을 이기지 못하는 경우에는 공황발작을 일으킬 수도 있다고 한다. 이런 폐소공포증의 기원으로는 원시인 시절, 피할 곳이 없는 좁은 동굴에서 사나운 동물에게 습격을 당한 상황 등을 생각해볼 수 있을 것이다. 그런데 우리는 이런 좁은 공간과 정반대인 광장에 대해서도 공포증이 있다. 백화점이나 광장 또는 넓은 공공 장소 등에 혼자서 나가게 되면 심한 공포감에 휩싸이는 사람도 있는 것이다. 광장에 나갔는데 갑자기 식은땀이 흐르고, 현기증이 나며, 가슴이 두근거리거나 심장이 크게 뛰는 등의 불안 증상을 느끼고 심한 경우 극도의 공포와 죽음에 이를 것 같은 절박한 느낌을 가지게 된다. 폐소공포증과 광장공포증은 장소의 성격은 정반대이지만, 공포의 성격과 증상은 별 차이가 없다.

쾌감도 통증이 될 수 있다 ● ● ●

통증은 인생에 불행을 주고, 쾌감은 인생에 행복만 줄 것 같지만, 실제로는 쾌감에도 부작용이 많다. 쾌감은 중독을 불러오기 때문이다. 그리고 중독은 알코올, 담배, 도박, 마약뿐 아니라 인터넷, 게임, 섹스, 쇼핑 등 모든 욕망에 있고, 심하게 중독되면 일상을 파괴한다. 그리고 원하지 않은 과도한 쾌감은 오히려 고통이 된다. 여성의 절반 이상이 오르가슴을 느끼지 못한다는 연구 결과가 있을 정도로 보통은 불감증이 문제인데, 그 반대의 경우도 있다. 원하지 않아도 매일 수십 번이나 오르가슴을 느끼는 여성도 있다고 한다. 이 여성은 불감증보다 더욱 심각한 상황에 내몰린 희귀병 환자인 것이다.

2014년 「데일리스타」 등 해외매체의 소개에 따르면, 미국 플로리다에 거주하는 어맨다 그라이스Amanda Gryce, 24 는 일상생활이 불가능할 정도로 빈번하게 오르가슴을 느꼈다고 한다. 그 증상이 너무 심해서 자동차나 지하철을 타는 등 약간의 진동만 있어도 오르가슴을 느낄 정도였다. 병명은 '지속성 생식기 흥분장애PGAD; Persistent Genital Arousal Disorder.' 2001년 처음 학계에 보고됐을 정도로 희귀한 병이며, 성적 자극이나 욕구가 전혀 없는 상황에서도 수시로 오르가슴을 느끼고 짧게는 몇 시간에서 길게는 며칠까지 증상이 지속된다고 한다. 어맨다는 10년 전, 14살 소녀 시절부터 이런 증상으로 괴로워해왔다. 그녀는 언론과의 인터뷰에서 "잘 모르는 이들에겐 부러움의 대상이 될 수도 있겠지만, 내겐 하루하루가 고문과 같다"면서 "일상생활이 거의 불가능하다"고 하소연했다. 한 시간에 대략 5번에서 많으면 10번까지 오르가슴에 도달하니 도저히 정상적인 생활을 할 수 없어 늘 괴로움을 토로했다.

2013년 영국의 「데일리메일」은 터키 의사들이 이와 비슷한 증상을 보이는 다른 두 명의 여성에게 보톡스를 주입해 치료 효과를 봤다고 보도했다. 보톡스를 주입해서 여성 성기에 자극을 전하는 척추 신경의 활동을 저해하는 방법으로 원하지 않은 과도한 쾌감에서 벗어난 것이다.

쾌감과 통증은 분명 우리 뇌에서 만들어진 것인데도 잘 알지 못하고,

우리 스스로 조절하거나 통제하지 못한 채 그것에 굴복하고 끌려다닌다. 그런 측면에서 리처드 도킨스가 말한 "진화의 주체는 인간이 아니라 유전자이며 인간은 유전자 보존을 위해 맹목적으로 프로그램 된 기계에 불과하다"는 주장도 틀린 것이 아니다. '이기적인 유전자'의 관점에서 보면 생명체란 생존과 번식에 유리한 행동에 쾌감을 부여하고 불리한 행동에 통증을 유발하여 유전자를 널리 퍼트리도록 하는 장치인 것이다. 하여간 쾌감은 음식, 물, 섹스, 수면 등 일차적인 욕구를 충족해도 찾아오고, 안전, 돈경제력, 음악, 애정 등 이차적인 욕구가 채워져도 찾아온다. 그리고 욕구를 채웠을 때 찾아오는 만족감이라는 보상은 인류의 위대한 성취의 추진력도 되었다.

통증은 나의 뇌가 만든 것이다.
뇌의 다른 부위처럼 워낙 독립적이고 자율적이라
나의 의지로 통제가 불가능하다.
쾌감 또한 그러하다.

PART FOUR

POWER OF EMOTION

감정이

행동의 원천이고,

🔋

욕망이

발전의 원천이다

1.
인류는 끊임없이
자신의 욕망을 실현해왔다

만약에 우리를 힘들게 하는 고통의 감정이나 중독에 빠지게 하는 쾌락과 욕망의 감정이 없으면 어떻게 될까? 불교에서는 인간을 오욕칠정의 동물이라고 한다. 오욕이란 재물욕·명예욕·식욕·수면욕·색욕色欲을 말하고 칠정이란 기쁨喜·성냄怒·사랑愛·근심憂·두려움懼·미움憎·욕심欲을 말한다. 많은 사람이 욕망 때문에 번뇌가 쌓인다고 생각하고 오욕칠정에 휘둘리지 않는 삶을 꿈꾼다.

감정이나 욕망은 아주 오래전부터 철학자들의 관심 대상이었지만, 주로 이성을 위협하는 나쁜 것으로 여겼다. 그래서 이성의 지혜로 감정의 위험스러운 충동을 조절해야 한다는 생각이 강했다. 지금도 감정은 동물적이고 본능적인 것이므로 열등하고 위험할 수 있기 때문에 이성에 의해 조절되어야 한다고 이야기한다. 사실 지나치게 쾌락과 욕망을 추구하거나 감정을 잘 조절하지 못하면 중독에 빠지고 불행해지기 쉬운 것은 맞다.

중독에는 커피 중독, 콜라 중독, 초콜릿 중독, 소금 중독, 설탕 중독처럼 음식만 해도 많은 종류가 있고, 게임 중독, 도박 중독, 쇼핑 중독, 일 중독, 운동 중독 등을 더하면 중독이 없는 것이 오히려 드물다. 그런데 이런 중독을 이끄는 욕망과 쾌락이 반드시 나쁜 것일까? 그리고 중독이 반드시 개인적인 문제일까? 지금까지 중독은 개인의 무절제와 탐욕이 가장 큰 원인이라며 개인을 질책했다. 그런데 게리 크로스와 로버트 프록터는 『우리를 중독시키는 것들에 대하여 Packaged pleasure』를 통해 세상의 변화가 우리를 중독에 빠지게 했다고 주장한다. 그리고 산업혁명을 '포장된 쾌락의 혁명'으로 명명하고 산업혁명이 욕망의 혁명이었다는 것을 여러 사례를 통해 생생하게 보여주었다.

사실 19세기 이후 벌어진 기술의 혁명은 인간의 소비 패턴과 감각을 완전히 바꾸었다. 과거에 인간은 달콤함이라는 감각을 얻기 위해 단맛이 나는 재료를 찾아 자연을 헤매면서 노고와 위험을 감수했지만, 이제는 언제 어디서나 포장만 벗기면 기가 막힌 단맛을 즐길 수 있다. 자연에 꽃과 과일은 나타났다 순식간에 사라지는 것인데 산업혁명은 그것을 언제 어디서나 넘치게 즐길 수 있는 것으로 바꾸었고, 이제 우리의 미각은 웬만한 것에는 반응조차 하지 않는다. 인류는 기술을 통해 끝없이 인간의 욕망을 현실화했고, 그것이 모든 분야에서 가장 격렬하게 일어났던 사건이 산업혁명이다. 인간의 식문화와 생활방식은 불을 사용하고 도구를 개발하면서 슬슬 동물의 방식과 결별되기 시작했지만, 특히 19세기 산업혁명은 이전과는 비교할 수 없이 빠르게 진행되면서 인간이 수만 년 동안 간직했던 욕망을 현실로 구현해 나갔다. 보고, 먹고, 듣고, 느끼고, 즐길 거리는 너무나 다양하고 풍부해졌다. 가격도 저렴하고 쓰기도 쉽게 포장되어 누구라도 쉽게 언제 어디서든 경험하고 즐길 수 있게 되었다. 과거의 인간들이 꿈꾸었던 욕망의 대부분은 현실화되었다. 하지만 우리의 욕망은 만족감보다는 더욱 큰 새로운 욕망을 발명하여 갈증을 심화시켰다.

우리의 어떤 욕망이 스마트폰의 발전을 이끌었고, 또 어떤 욕망이 우리를 스마트폰에 중독시켜 손에서 놓지 못하게 하는 것일까? 이를 이해하기 위해서는 상품 속에 담겨있는 욕망의 코드를 이해할 필요가 있다. 그것이 우리의 감정과 욕망을 이해하는데 도움이 될 것이다.

2.
오감만족의 욕망이 이끈
식품의 혁명

단맛과 짠맛에 대한 근본적인 욕망 ● ● ●

맛있는 음식에 대한 욕망만큼 오래된 것도 드물다. 로마
인은 마치 먹기 위해 사는 듯, 일부러 토해가면서까지
미식을 즐겼다고 한다. 그런 맛에 대한 욕망 중에서도
가장 원초적인 것은 단맛에 대한 욕망이다. 고대 벽화
를 보면 인류는 적어도 1만 년 전부터 야생 벌꿀을 채취
해 왔다. 꿀을 구하는 일은 쉽지 않았다. 벌집은 주로 높
은 나무나 절벽 등 아주 위험한 위치에 있었고, 꿀을 따
려면 벌떼의 공격을 받는 등 사실상 목숨을 걸고 채취해
야 했다. 꿀벌을 '길들여서' 양봉업을 시작한 것은 대략
4,000년 전으로 추정된다.

오늘날 설탕은 너무나 흔하고 평범해졌지만 12세기
유럽인들은 거의 알지 못했고, 17세기가 되기까지 약국

에서나 취급될 만큼 귀중한 '약품'이었다. 따라서 병에 걸리지 않았음에도 설탕을 먹을 수 있는 사람은 귀족이나 자신의 부를 과시하고 싶은 무역상인 정도였다. 16세기 말부터 19세기 초까지 악명 높은 삼각무역이 이루어졌는데 땅과 상품과 노예가 결합하여 유럽과 미국의 부를 늘리는 결정적 수단이었고, 이때 가장 중요한 상품 중 하나가 설탕이었다. 설탕과 관련된 갈등은 미국 독립운동의 원인 중 하나였을 정도다. 설탕은 산업 혁명을 통해 제과산업에 가장 핵심적인 소재가 되어 수많은 캔디, 초콜릿, 과자의 탄생에 결정적인 역할을 했다.

설탕의 단맛에 견줄만한 맛은 단연 소금이다. 세상에 소금보다 강력한 맛을 부여하는 물질은 없다. 그래서 소금은 화폐의 일부였고 일부 국가 수입의 절반 가까이를 차지하기도 했다. 중국 진시황의 천하통일 사업도 소금 덕에 가능했던 일이다. 바닷물에서 소금을 얻는 것은 최초의 제조업이었다. 생존에 절대적이고 워낙 귀한 것이라 월급으로도 사용되었고, 소금 1말이 노예 1명의 가격이기도 했다. 그런데 지금은 1kg에 200원이 채 안 된다. 우리의 하루 섭취량이 10g이니 1년 섭취량을 계산해 보면 3.6kg이다. 720원이면 한 사람에게 1년 동안 필요한 소금을 살 수 있는 것이다. 현대적 생산방법과 운송수단이 소금의 가격을 혁명적으로 낮춘 덕에 가능한 일이다. 그리고 소금은 산업에 없어서는 안 되는 필수적인 소재가 되었다. 우리가 소금을 많이 먹는다고 하지만 식용으로 소비되는 소금은 약 15%이고, 나머지 85%는 무기화학의 가장 기초적이고 중요한 원료로써 화학 공업, 일반 공업 및 산업용으로 사용되며 그 용도는 대략 3만 가지라고 한다.

감칠맛과 맛있는 음식에 대한 욕망 ● ● ●

과거에는 고기는 고사하고 고깃국물조차 아무나 먹을 수 있는 것이 아니었다. 설렁탕도 양반이나 먹을 수 있는 귀한 음식이었으며, 서민이 먹을 수 있게 된 것은 100년도 채 되지 않았다. 감칠맛이 풍부한 맛있는 음식은 여유가 있는 극소수의 사람들이나 즐길 수 있었고, 굶주림조차 해결하기 어려웠던 일반인에게는 그림의 떡일 수밖에 없었다. 프랑스 요리를 세계적으로 만들고 유지시킨 것은 소스인데, 먼저 감칠맛이 풍부한 육수를 만들고 그것을 바탕으로 온갖 풍부한 맛의 소스를 만들었다. 그리고 육수가 산업화를 통해 여러 가지 형태로 만들어지면서 일반인도 감칠맛이 풍부한 요리를 즐길 수 있게 되었다.

우리가 감칠맛을 마음껏 즐길 수 있게 된 것은 일본의 화학자 이케다 기케나에 덕분이다. 감칠맛의 핵심인 글루탐산을 발견하고 〈아지노모토〉라는 회사를 세워 감칠맛의 대량생산 시대를 연 것이다. 처음에는 밀가루 단백질인 글루텐을 분해하여 MSG를 제조해 1909년부터 일본에서 판매하기 시작했고, 우리나라에는 1910년에 소개되었다. 당시에는 MSG도 고가여서 누구나 쓸 수 있는 것은 아니었다. 발효법이 개발된 1957년 이후에야 대량으로 생산되어 일반인도 쉽게 쓸 수 있을 만큼 가격이 저렴해졌다. 왕, 귀족, 부자 같이 전문 요리사를 둔 사람뿐 아니라 누구든 손쉽게 맛있는 요리를 만들고, 즐길 수 있는 맛의 민주화를 이룬 것이다. MSG는 비록 소금보다는 비싸지만 1kg에 4,000원을 넘지 않으니 하루에 평균 2g, 1년에 730g 정도를 먹으면 가격은

3,000원이 채 안 된다. 감칠맛의 욕망은 맛의 민주화를 이루었을 뿐 아니라 수많은 아미노산과 유기산의 생산을 위한 정밀 발효산업도 견인했다.

향과 색에 대한 욕망 ● ● ・

향신료는 고대부터 단순한 음식 그 이상이었다. 약으로 대접받기도 했고, 나아가 어떤 초월적 속성을 가진 것으로도 여겨졌다. 바로 보이지 않는 향 때문이다. 향신료는 어디서나 구할 수 있는 것이 아니었고, 향의 원료 재배와 제조기술이 특정지역에 한정되어 고대 귀족들의 권력과 부의 상징이었다. 그러니 일반인들이 향을 갖는다는 건 그저 꿈이었다.

향료와 향신료는 오랫동안 냄새로써 인간에게 천국의 한 자락을 제공했다. 서양인에게 향신료는 현실에 없는 전설의 땅에서 온 신비한 재료였기 때문이다. 이런 향에 대한 갈증이 유럽의 대탐험시대를 열었고, 결국에는 아메리카 대륙의 발견을 이끌었다. 과거의 유럽은 초라하고 황량한 지역이었다. 유럽이 중요해지기 시작한 것은 15세기 이후고, 1775년까지만 해도 아시아가 세계 경제의 80%를 차지했다. 유럽은 향신료를 찾아 바다를 탐험하고 식민지를 본격적으로 개발하기 시작한 1750년에서 1850년 이후에야 세계 권력의 주도권을 차지하기 시작했다.

과거에 향 중에서도 가장 사랑을 받았던 것은 장미 향이다. 그런데 장미 오일 25ml를 얻기 위해서는 1만 송이의 장미가 필요하다. 이렇게 천연에는 극소량이 존재한다. 그래서 장미 오일이 금보다 비쌌다고 한다. 이런 향과 색을 좀 더 저렴하게 대량으로 얻고자 하는 노력이 화학 산업을 탄생시키기도 했다.

지금 우리는 색을 너무 쉽게 사용하지만 과거에는 색도 향만큼이나 귀한 것이었다. 옛날에는 붉은 보랏빛인 티리안 퍼플 염료를 1.2g 얻기 위해 지중해 조개를 1만 2,000마리나 잡아야 했고, 코치닐 1kg을 얻기 위해 연지벌레 암컷을 10만 마리나 잡아야 했다. 가장 색이 진한 생물을 골라 추출한 것인데도 그렇다. 나라에 따라 황금색, 자주색, 빨간색은 왕족이나 귀족 말고는 쓸 수 없는 색이기도 했다. 과거라고 흰색만을 좋아했을 리도 없고, 이런 색과 아름다움에 대한 욕구는 화학 산업의 발전으로 해소되기 시작했다. 향과 색에 대한 욕망이 화학 산업을 견인한 것이다.

1856년, 18세의 윌리엄 헨리 퍼킨은 염료 산업을 송두리째 바꿔 놓을만한 인공 염료를 합성해냈다. 합성 실험 도중 우연히 검은색 물질을 얻었는데 이 물질을 에탄올에 넣었더니 진한 자주색 용액이 되었고, 여기에 비단 몇 조각을 담갔더니 자주색으로 물 드는 것을 발견한 것이다. 이렇게 만들어진 담자색Mauve, 모브 색소는 1859년 패션업계를 강타했다. 이것이 유기 화합물의 산업적 생산의 시작이다. 모베인Mauveine 합성 이후 뒤이어 수많은 유사 공정들이 개발되어 석탄 가스 산업의 부산물로 생성된 콜타르에서 다양한 색상의 합성염료가 만들어졌고, 이것은 인류 역사를 바꿔놓았다. 천연 염료를 구하던 전통적인 방법은 사라지고 화학회사가 만든 염료가 시장을 장악한 것이다. 여기서 얻은 자본과 화학적 지식이 오늘날의 항생제, 진통제, 기타 의약품 등을 대량 생산할 수 있는 화학 합성 산업의 모태가 되었다. 매력적인 향과 아름다운 색에 대한 욕망이 플라스틱과 제약 산업 등 거대한 화학 산업을 탄생시킨 것이다.

더 쉽게, 더 많이 ● ● ·

과거에는 맛있는 음식이 귀했다. 그래서 오래 즐길 만한 것을 좋아했다. 오랫동안 씹을 수 있는 껌이 인기였고, 사탕은 한입 가득 채울 수 있는 왕사탕이 인기였다. 그러다 막대를 꽂은 사탕으로 발전하기도 했다. 하지만 어느 순간 이런 사탕과 껌 소비는 확 줄어들고 그 자리를 젤리가 차지했다. 그 원인으로 젤리의 식감이 전통적인 디저트인 사탕과 껌보다 부드럽다는 점을 꼽는다. 먹는데 치아와 턱이 고생할 필요가 없다는 뜻이다. 앞으로는 점점 더 단단한 음식은 인기를 끌기 힘들 것이다.

　과거에는 먹을 것이 부족해서 더 오래 먹고자 하는 욕망이 강했지만 지금은 굳이 그럴 필요가 없어졌다. 워낙 먹을거리가 소득에 비해 싸고 푸짐해졌기 때문이다. 심지어 무한정 리필해서 원하는 만큼 마음껏 먹는 뷔페식당도 많다. 그래서인지 1인분의 양도 점점 많아지고 있다. 맥

도널드의 어린아이용 햄버거 사이즈는 1940년대 성인들이 먹던 사이즈와 거의 비슷하다고 한다. 마시는 커피도 예전에는 작은 컵이었는데 요즘은 1L 용량마저 일상이 되었다.

음식을 만드는 것도 정말 쉬워졌다. 요즘은 햇반 같은 상품이 있어 전자레인지에 몇 분만 가열하면 바로 따끈따끈한 밥을 먹을 수 있고, 물만 붓고 바로 밥을 지을 수 있는 '씻은 쌀'도 판매된다. 과거에는 집에서 도정을 직접 하기도 했고, 도정한 쌀에서 돌을 고르고 씻는 것도 일이었는데 지금은 쌀을 그냥 압력밥솥에 넣고 버튼만 누르면 되니 밥 짓는 어려움은 아예 잊고 산다. 쌀농사도 기계화되어 과거에 비교할 수 없이 쉽다.

우리나라는 산이 많고 그만큼 물이 풍부하지만, 집집마다 수돗물이 나오기 시작한 것은 그리 오래전이 아니다. 시골에서는 동네 우물에 물을 길러 가는 것도 큰일이었다. 그리고 원래는 도시의 물 사정이 더 나빴다. 수도가 없으니 북청물장수처럼 물을 길어다 파는 사람도 있을 정도였다. 도시의 건설에는 수도설비가 필수였고, 수도관이 높은 건물을 따라 설치가 가능해지면서 건물을 높게 지어도 화재 예방을 할 수 있게 되었다. 또 개수대, 욕조, 수세식 화장실이 만들어지면서 현재의 수도 시스템이 자리를 잡기 시작했다.

위생적인 수도시설이 없던 지역에서는 해마다 많은 사람들이 수인성 전염병으로 생명을 잃기도 했다. 우물이나 개울에서 물을 길어다 마셨던 과거 영국은 콜레라가 번져 평균 수명이 26세밖에 되지 않았다. 19세기 말 장티푸스, 이질, 콜레라 같은 수인성 병원균이 전염병의 주요 원인이라고 밝혀지자 전 세계 도시에서 상하수도 시스템이 본격적으로 발전하기 시작했고, 프랑스는 1907년 오늘날 고도정수처리공정에 사용되는 오존공정을 최초로 도입했다. 어떤 학자는 평균 수명의 연장에는 의학의 발전보다는 위생적인 수돗물의 보급이 더 큰 역할을 했다고 보기도 한다.

음식이 스팸메일처럼 쏟아지다 ● ● ·

음식의 산업화와 대량생산은 '스팸메일'이라는 신조어를 만들어 냈다. 스팸은 1927년 미국의 〈호멜〉사에서 버려지던 돼지의 어깻살을 이용하여 만들었다. 서양에서 햄이란 명칭은 돼지 넓적다리^{뒷다리}로 만든 육가공품에만 붙일 수 있다. 게다가 돼지 어깻살은 뼈를 분리하는 과정이 번거롭고 조각이 작아 상품성이 떨어지는 부위이다. 호멜사는 미국과 서유럽에서 버려지던 이 값싼 부위의 뼈를 발라내고 곱게 갈아서 소금과, 물, 감자, 설탕 등을 섞어 통조림 형태의 육가공품으로 만들었다. 스팸SPAM 이라는 이름은 사내 공모하여 당선된 이름으로 'Spcied Ham'을 줄인 것이다.

  싼 가격에 비해 훌륭한 맛으로 호멜식품의 대표 상품이 된 스팸은 2차 세계대전을 통해 전 세계에 알려지게 된다. 신선한 육류제품의 보급이 어려웠던 전선에 냉동보관이 필요 없고 휴대가 간편한 스팸은 이러한 조건에 딱 맞는 식품이었던 것이다. 전쟁 초기 서부 곡창지대를 독

일에게 빼앗겼던 소련에게 스팸으로 대표되는 미군의 식량지원은 그야말로 은혜로운 단비였다고 한다. 니키타 흐루쇼프 소련 공산당 서기장이 "스팸이 없었으면 소련 군대엔 식량 보급이 이뤄지지도 않았을 것이다"라고 술회했을 정도다. 전쟁이 끝나기 전까지 군에서 구입한 스팸의 양은 68만 388톤에 달했다.

스팸의 엄청난 보급량은 오히려 조롱거리가 되기도 했는데, 처음에는 간편하고 맛도 좋았지만 선택의 여지가 없었던 전장에서 아침, 점심, 저녁으로 스팸을 계속 먹어야 하는 이들에게 좋은 인상을 남기기란 어려운 일이었다. 여기에 전쟁이 끝나고 참전했던 군인들이 각 가정으로 가지고 돌아간 막대한 양의 스팸으로 인해 제품의 이미지는 더욱 나빠지게 된다. 이후로 스팸은 필요 이상으로 지나치게 많이 주는 것의 대명사가 되어 TV 등을 통해 유머 소재로 활용됐다. 그만 보내라고 아무리 거부해도 계속 메일을 보내는 것을 두고 자연스럽게 스팸을 떠올린 사람들은 언젠가부터 그것을 '스팸메일'이라고 부르게 되었다. 그리고 이제는 음식이 스팸메일처럼 쏟아져 나오는 세상이 되었다.

우리나라에서 생산되는 스팸은 호멜사와 기술제휴로 C사에서 생산하고 있다. 해외에서의 부정적인 이미지와 달리 먹을 것이 부족했던 시기에 미군을 통해 유입된 스팸은 사람들에게 매우 귀한 식량이었고, 지금도 여전히 사랑받고 있다. 덕분에 한국은 지금도 미국 다음으로 스팸을 많이 생산하고 소비하는 나라이다. 인구당 소비량으로 따지면 미국을 능가한다.

3.
산업혁명은
욕망의 혁명이었다

청각, 포장된 소리 ● ● ●

산업화는 인간의 모든 욕망에 걸쳐 이루어졌으며, 그 중에는 소리에 대한 욕망마저 있다. 지금은 너무나 당연하지만 과거에 소리를 녹음하는 기계를 만들겠다고 하면 황당한 사람 취급을 받았을 것이다. 소리는 발생하자마자 사라지는 것인데 그것을 어디에 붙잡아 가둔다는 것인지 상상조차 하기 힘들기 때문이다. 그러다 150년 전쯤 최초로 소리를 붙잡아 기록한 사람이 등장했다. 프랑스의 인쇄업자 에두아르 레옹 드 마르탱빌Edouard-Leon de Martinville 이다. 마르탱빌은 '포노토그라프'라는 발명품으로 1857년 3월, 프랑스 특허를 획득했다. 하지만 실질적으로 처음 축음기를 발명한 것으로 인정받는 사람은 발명왕으로 유명한 토머스 에디슨Thomas Edison 이다. 에디슨은 1877년 11월 21일, 세계 최초의 축음기 '포노그래프Phonographe'의 발명을 공포했고, 12월에는 기자들 앞에서 시연을 했다. 축음기를 올려놓고 아무 말 없이 손을 들어 원통형 실린더를 돌리자 기계에서 에디슨의 목소리가 흘러나왔다. "안녕하십니까? 잘들 지내시나요? 포노그래프가 마음에 드십니까?" 인류 역사상 처음으로 사람의 목소리가 기록되고 다시 재생될 수 있다는 것이 증명되는 순간이었다. 이후 녹음기술은 발전에 발전을 거듭해서 'LP'라 불리는 레코드판, 자기 방식으로 기록하는 카세트 테이프, 레이저로 인식하는 CD, 컴퓨터 파일로 저장하는 mp3 포맷을 등장시켰다. 예전에는 육성으로 하는 생음악 말고는 남의 노래를 들을 수 없었지만, 지금은 전자파일에 기록된 음악을 언제 어디서든 똑같은 품질로 무한히 즐길 수 있다.

인간의 음악 사랑은 유별난 구석이 있다. 스티브 핑커는 음악을 청각적 치즈케이크라고 했다. 생물학적인 인과관계만 생각한다면 음악은 아무짝에도 쓸모가 없다. 음악이 인간의 삶에서 사라진다고 해도 우리 생활은 바뀌는 게 거의 없을 것이다. 인간의 뇌에는 단일한 '음악 중추'가 없고 음악 활동을 할 때 뇌의 곳곳에 흩어진 여러 네트워크들이 작동한다는 사실로 보아 다른 목적을 위해 이미 개발된 뇌 체계를 슬쩍 가져다 씀으로써 음악적 능력을 키웠을 것으로 보인다.

그런 음악을 사람들은 만국공통어라고도 부른다. 과거에는 가사도 모르는 외국곡에 빠져들어 그 가사를 이해하려고 외국어를 배우기도 했고, 지금은 방탄소년단의 노래 덕분에 한국어를 배우는 사람이 늘고 있다. 우리는 기쁠 때도 슬플 때도 심심할 때도 위로가 필요할 때도 음악을 듣는다. 과거에 음악은 개인적이었지만, 지금의 음악은 거대한 산업이 되었다.

시각, 포장된 풍경 ● ● ●

인간이 영상에 관심을 가진 것은 오래 전의 일이다. '카메라 옵스큐라 Camera obscura'는 어두운 방이라는 뜻의 라틴어에 어원을 둔 용어로써, 오늘날 우리가 사용하는 사진 촬영 기계인 '카메라'의 어원이기도 하다. 어두운 방이나 상자 한쪽 면에 있는 작은 구멍을 통해 빛을 통과시키면, 반대쪽 벽면에 외부의 풍경이나 형태가 거꾸로 투사되어 나타나는 현상을 기계장치로 구현한 것으로써, 생각보다 오랜 역사를 가지고 있다. 중국의 철학자인 묵자墨子와 아리스토텔레스도 이 원리를 활용해 바깥의 풍경을 관찰했고, 레오나르도 다빈치도 카메라 옵스큐라를 이용해 미술에서의 원근법을 설명했다. 이러한 이유로 17~19세기 화가들은 좀 더 빨리 그리고 좀 더 정확하게 그림을 그리는 도구로 카메라 옵스큐라를 널리 사용했다.

1757년 I. B. 베커리는 광선이 감광막에 작용을 한다는 사실을 발견했다. 1870년대에 들어서는 렌즈가 나타나게 되었고, 1885년에는 셀룰로이드 필름을 사용하게 되었다. 영화가 등장할 수 있는 기반이 마련된 것이다. 영화는 누가 발명했다고 하기 힘들 정도로 여러 장치들이 개별적으로 고안되고 공개되었다. 따라서 영화는 개인의 발명이라기보

감정이 어려워 정리해 보았습니다 ● ● ● ● ● ● ● ● ●

다 시대의 발명이라고 말하는 것이 옳다. 그럼에도 뤼미에르 형제의 시네마토그래프가 영화의 시작으로 거론되는 것은 가장 기술적으로 훌륭하고, 흥행도 대성공을 거둔 세계적으로 유명한 작품이기 때문이다.

우리는 영상을 통해 직접 가보기 힘든 곳도 얼마든지 구경할 수 있고, 영화를 통해 남들의 상상을 현실처럼 볼 수 있게 되었다. 그리고 영화는 TV로 가정에 들어왔고, 스마트폰을 통해 손안에 들어왔다. 시각에 대한 욕망이 거대한 산업이 된 것이다.

촉각, 포장된 리듬 ● ● ●

사람들은 힘들면 춤추고 노래한다. 걷고 춤추는 것은 인간의 가장 본질적인 리듬 운동이다. 우리의 뇌는 춤을 추기 전에 음악을 들을 때 이미 리듬을 타고, 가만히 앉아 있을 때도 리듬을 탄다. 뇌 속의 신경세포들은 주기적으로 반복되는 진동에 따라 지각과 감정 그리고 언어 같은 복잡한 기능을 수행한다. 신경세포들이 서로 리듬에 맞춰 일종의 춤을 추어야 의미 있는 결과를 만들어 내며, 리듬에서 벗어난 신호는 상쇄되고 소멸된다.

춤의 즐거움에도 도파민이 관여한다. 춤을 출 때는 우리가 생각하는 것보다 훨씬 많은 근육을 사용하는데, 이 근육의 움직임은 뇌의 신경회로와 연결되어 있다. 따라서 춤을 추면 뇌를 전체적으로 사용하게 되고, 다양한 감각들이 수용되며, 근육의 움직임과 관련된 작용이 강화된다.

수컷 새는 구애를 할 때 춤을 추어 신체적인 능력과 건강함을 보여준다. 춤은 남자든 여자든 상대방에게 많은 비언어 정보를 제공함으로써 잠재적인 파트너를 탐색하는 수단이 된다. 그리고 땀을 통해 체취를 더욱 퍼트린다. 페로몬을 감지하는 기관인 '보습코'가 흔적만 남기고 사라져 페로몬을 감각하거나 의식하지 못한다고 해서 페로몬이 사라진 것은 아니다. 이미 월경주기의 동조 현상이 발견되었고, 체취 물질은 여자가 남자보다 10배나 더 잘 맡을 수 있다.

춤을 추면 호흡과 맥박수가 빨라진다. 연애를 할 때 무서운 곳에 같이 가보라고 하는 것도 우리가 무서워서 심장이 두근거리는 것인지 좋아해서 두근거리는 것인지 잘 구분하지 못하기 때문이다. 관능적인 춤을 출 때는 성행위를 할 때와 비슷한 생체 작용이 일어난다. 엔도르핀, 테스토스테론, 옥시토신이 분비되며, 이 때문에 춤이 끝났을 때 행복감과 탈진감을 일으키기도 한다.

춤은 공감능력도 높여준다. 춤이 다른 움직임과 다른 점은 '감정의 표현'을 동반한다는 것이다. 이 능력은 연습을 통해 향상될 수 있는데, 감정을 움직임으로 바꾸는 법을 많이 배울수록 자신의 감정 표현도 능숙해지고, 다른 사람의 움직임에 포함된 감정에 공감하는 능력이 정교해진다. 이런 능력은 직접 하지 않고 보는 것만으로도 강화된다. 관객으로서 무대에서 펼쳐지는 춤동작을 보기만 해도 우리의 거울신경세포가 활성화되는 것이다. 운동선수들만 이미지 트레이닝으로 효과를 보는 것이 아니라 춤을 구경하는 것만으로도 그런 효과가 생기는 것이다. 뇌는 세상을 이해하기 위해 춤을 추듯이 당길 때는 당기고, 밀어낼 때는 밀어내면서 리듬을 탄다.

모든 욕망은 산업이 되었다 ● ● ●

축제도 산업이 되었다. 과거에는 축제나 카니발이 특별한 날에 특별한 의미를 가지고 펼쳐졌지만, 요즘은 축제의 광경, 군중, 소리, 음악, 음식, 춤, 놀이기구 등을 놀이공원과 테마파크를 통해 언제든지 즐길 수 있게 되었다. 축제는 사람들에게 의례, 춤, 놀이, 종교적 기능으로 사회적 유대를 강화하는 역할을 하는 한편, 일상의 단조로움, 사회적 제약으로부터의 해방을 제공하는 기능을 해왔다. 축제는 대개 음식을 잔뜩 먹는 날이기도 했다.

　놀이공원의 또 다른 원천을 제공했다고 여겨지는 유원지의 기원은 고대 메소포타미아 아시리아의 왕들이 짐승을 풀어놓고 격조 높은 살해를 즐기던 개인 사냥터에서 발견할 수 있다. 바빌론은 주변의 황량한 풍경과 대조되는 공중 정원을 인공적으로 조성하기도 했다고 진해진다. 루이 14세는 왕실 사냥터의 숙소를 광대한 뒤뜰이 있는 궁전으로 변모시켰다. 베르사유 궁전은 퍼레이드, 연회, 공연, 댄스 등 각종 왕실 행사가 열리는 공간이었고, 왕의 절대 권력을 보여주는 곳이기도 했다. 이런 장소들은 귀족이나 왕만 즐길 수 있는 사적인 공간이었으나 17세기 영국의 도시 부르주아가 성장하며 등장한 유원지는 귀족이 아닌 사람도 입장료만 내면 즐길 수 있었다. 잘 정돈된 공간으로써 유원지는 도시 생활에 지친 사람들에게 피난처 역할을 했다.

현대에는 기술과 산업의 발달로 축제가 일상화되기 시작했다. 과학과 예술의 진보를 전시하기 위해 시작된 세계박람회는 많은 혁신을 보여주며 새로운 유흥공간으로 떠올랐다. 이러한 요소들은 곧 놀이공원으로 넘어가 자리를 잡았다. 박람회에서 등장한 볼거리나 탈거리는 제한된 시공간에서 이국적이거나 상상의 장소들을 압축적으로 보여주었다. 이런 모습은 현재 우리가 즐기는 놀이공원에서도 확인할 수 있다.

이국적인 풍경과 함께 놀이공원에서 빼놓을 수 없는 요소는 바로 짜릿한 놀이기구들이다. 기계와 전자 장치로 인한 극단적인 스피드와 움직임이 주는 신체적 자극은 매우 강렬하다. 안전한 생활 방식이 대세가 되기 전에는 식량을 구하기 위해 다양한 위험과 직면해야 했다. 번지점프와 다이빙, 텀블링, 그네에서 느끼는 인공적인 추락의 짜릿함은 선사시대의 위험하고 험한 생활에서 더 일반적으로 느꼈을 것이고, 이런 요소들은 인간의 본성처럼 내재화되었을 것이다. 이것이 우리가 무서운 놀이기구에 매력을 느끼는 이유 중 하나다. 놀이공원은 축제, 유원지, 세계박람회에서 경험할 수 있는 강렬함과 휴식, 시공간적으로 집약된 볼거리들이 놀라운 기술로 결합한 형태이다. 과거에 비해 시기적인 제약을 덜 받고 언제든 즐길 수 있는 새로운 축제의 장이 열린 것이다.

인간의 가장 기본적인 생리적 욕구는 식욕, 성욕, 수면욕이다. 식욕은 세상에서 가장 규모가 큰 산업으로 식품산업을 만들었고, 성욕은 비디오와 IT 산업의 초기 시장을 선도했다고 할 정도로 산업화되었으며,

수면욕은 안락한 주거환경에 대한 욕구와 함께 아파트 등 다양한 주택과 가구, 침구류로 산업화되었다. 휴식과 편안함의 욕구는 세탁기, 냉장고, 오븐, 전자레인지 등 온갖 취사용품과 가정용품으로 상품화되었고, 자동차와 비행기도 편리한 이동의 수단이 되었다. 인간의 욕망은 한계를 확장하고 더 많은 자유를 확보했다. 인간의 모든 욕망이 여러 가지 형태로 산업을 만든 것이다.

4.
IT, 연결의 욕망을
무한히 확장하다

컴퓨터는 원래 전자계산기였다 ● ● ●

산업혁명을 통해 인류는 엄청난 욕망의 혁명을 이루었
지만 그것이 끝은 아니었다. 오히려 더 강력한 욕망의
혁명이 다가왔다. 바로 IT와 인공지능이다. IT의 시작은
정말 미미했다. 1946년 미국 펜실베이니아 대학의 존
에커트와 존 모클리는 '에니악ENIAC'이라는 컴퓨터를 개
발했다. 에니악은 18,000여 개의 진공관과 1,500개의
계전기를 사용했고, 무게가 30t이나 되는 거대한 기계였
다. 그러다 1977년 개인용 컴퓨터도 등장했다. 애플II는
CPU는 8비트에 8㎛ 선폭, 1Mhz의 동작속도였고, RAM
은 64KB, 40컬럼의 텍스트 모드와 그래픽 모드280X192
가 지원되었고, 저장장치도 1MB가 안 되는 플로피디
스크가 사용되었다. 요즘 스마트폰에 사용되는 회로는

1,000배나 가는 8nm가 사용되니 평면적으로만 100만 배의 회로를 넣을 수 있고, 입체라면 10억 배 세밀해진 것이다. 속도는 Mhz 대신 Ghz이며, 보조연산장치에 멀티 CPU를 지원하니 산술적으로만 수만 배 이상 빠르다.

원리는 바뀐 게 전혀 없고 단지 회로만 가늘어져 용량이 커지고 속도가 빨라졌을 뿐인데 단순한 계산기였던 컴퓨터는 온 세상과 연결되어 대화가 가능한 수준으로 발전했다. 성능의 향상만큼 사용의 편이성도 증가하여 갓 걸음마를 뗀 아이도 능수능란하게 스마트폰과 태블릿을 다룰 정도이다. 사실, 이제는 어른보다 아이들이 더 잘 쓴다. 이런 아이들에게서 스마트폰을 빼앗는 건 거의 불가능에 가까울 정도로 어려운 미션이 되었다.

재미의 욕망, 게임산업 ● ● ●

개인용 컴퓨터 시장의 개척에 가장 큰 공헌을 한 것은 아마도 게임일 것이다. 그리고 게임만큼 우리의 욕망에 충실한 것도 드물다. 많은 사람들이 게임을 통해 재미를 느끼고 스트레스도 해소한다. 하지만 인기 있는 게임을 개발하는 것은 그리 쉽지 않다. 속도가 빠르거나 그래픽이 좋다고 인기가 생기지 않는다. 게임회사는 인기 있는 게임 개발에 사활을 걸고 노력하는데, 그만큼 실전적으로 인간의 심리를 파악하는 사람들이라고 할 수 있다.

게임에서 사람을 유혹하는 첫 번째 장치는 적당한 수준의 도전이다. 과제를 주고 과제를 끝내거나 승리할 경우 우리의 뇌 안에서 도파민이나 엔도르핀 같은 쾌락의 물질이 분비되어 더욱 더 게임에 몰입하게 된다. 적당한 난이도 조절과 보상이 성패인 것이다. 우리가 게임에 빠져드는 것은 보상이 빠르기 때문이다. 그리고 그 보상에 다소의 예측 불가능성까지 포함시키면 더욱 빠져든다.

두 번째 장치는 새로움이다. 한 가지 내용의 게임을 계속하면 식상해지므로 게임 내에서도 내용이 계속 바뀌고, 그렇게 해서도 도저히 새로움을 주기 힘들 때는 완전히 새로운 게임으로 유혹한다. 새로운 게임에는 새로운 경험과 역할이 있어서 지루할 틈이 없다. 그리고 경쟁과 협력의 요인을 추가하면 더욱 빠져들게 된다. 혼자 하는 게임보다는 팀을

내적 보상: 호기심, 도전, 창조, 선택의 다양성, 자기 결정성, 통제감, 기대, 불확정성, 성취.
외적 보상: 경쟁, 우월성, 사회적 상호작용, 협력, 커뮤니티, 인정받음.

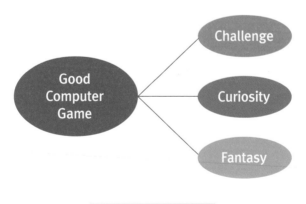

그림 4-1. 게임의 흥미 요소

감정이 어려워 정리해 보았습니다 ･ ･ ･ ･ ･ ･ ･ ･ ･

이루고, 팀이 승리하면 기쁨을 같이 하고 경험을 공유할 사람이 증가한다.

게임은 보상이자 환상이다. 현실세계와 달리 어느 정도 평등한 기회가 주어지기 때문에 현실을 도피하고 싶은 욕망을 일시적으로 채워주고, 현실에 없는 보상을 통해 환상을 유지하게 한다. 호기심, 모험, 환상이 잘 어울려진 게임은 쉽게 벗어나기 힘들다.

연결의 욕망, 인터넷 ● ● ●

인터넷은 1969년 9월에 미국에서 구축한 '알파넷ARPANET'에서 시작되었다. 이 네트워크의 처음 목적은 군사적인 것이었다. 냉전이 한창 고조되던 시기에 미국 국방성은 소련의 핵폭격이나 그에 준하는 공격을 받아도 작동이 가능한 매우 신뢰성 있는 컴퓨터 네트워크가 필요하다는 결론에 도달했다. 중간에 있는 몇 개의 시스템이 부서지더라도 다른 시스템을 통해서 연결되는, 한마디로 주인이 없고 관리자가 없이도 돌아가는 시스템이다. 그렇게 탄생한 인터넷은 군대가 아니라 민간의 세상을 바꾸었다. 통제받지 않는 네트워크가 무한히 연결되고 상호작용을 하면서 상상하지 못했던 속도로 세상이 바뀐 것이다.

인간의 뇌는 몸에 비해 유난히 크다. 인간의 뇌가 커진 것은 과학이나 문명이 등장하기 이전이다. 그래서 뇌가 커진 이유를 가장 설득력 있게 설명하는 것은 같이 살아가는 집단의 크기이다. 옥스퍼드 대학 로

빈 던바 교수의 연구에 따르면 신피질의 비율과 가장 상관관계가 높은 것은 인간의 사회적 능력 즉 집단의 크기이며, 인간의 경우 150명 정도와 원활한 관계를 유지할 수 있다고 추정한다. 그리고 기원전 6,000년부터 기원후 1,700년대까지 마을의 평균 크기를 추산한 결과, 한 마을의 구성원은 대략 150명 정도였다. 그런데 지금은 컴퓨터와 네트워크를 통해 그런 연결의 한계를 완전히 돌파했다. 사람들은 소셜미디어를 통해 수천 명과 친구를 맺고, 트윗을 통해 전 세계의 불특정 다수와 연결된다. 그리고 자신의 글에 달린 '댓글'과 '좋아요'를 통해 중독에 빠진다.

모두 다 중독의 공범자이다 ● ● ●

지금은 콘텐츠 전성시대다. 페이스북, 유튜브, 인스타그램 등에는 수많은 콘텐츠가 만들어지고, 그것을 통해 돈을 버는 사람이 여전히 증가하고 있다. 과거에는 도저히 영상의 소재가 되지 않을 것도 돈이 되는 콘텐츠가 되고 있다. 뭐든 재미만 있으면 소재가 되고 유익하면 더 좋다. 콘텐츠를 제공하는 사람은 팬들의 의견을 받아 내용을 제공하고, 팬들은 그것에 더욱 호응하는 네트워크가 형성된다. 결국 서로가 서로를 중독시키는 메커니즘인 것이다.

요즘은 특히 유튜브가 대세인데, 유튜브의 목표는 소비자에게 가장 많은 광고를 노출하는 것이다. 그러기 위해서 사용자가 좋아할 만한 영상을 끊임없이 추천한다. 나의 취향을 파악하고, 콘텐츠별로 좋아하는 사람들의 취향을 파악하여 같은 성향의 사람에게 추천하는 식이다. 결국 유튜브가 아니라 우리가 우리를 중독시키는 셈이다. 온라인 영화 사이트는 나의 취향을 가장 빨리 파악하고, 나와 같은 취향의 사람을 파악해서 그 사람이 좋아했던 영화를 추천한다.

소셜미디어에 글이나 사진을 올리는 청소년들은 '댓글'이나 '좋아요'에 목을 맨다. 글이나 사진을 올릴 때마다 다른 사람이 사진을 보고 무슨 생각을 할지, 뭐라고 할지 신경을 쓰고 '좋아요'가 많지 않으면 어디가 문제였는지 자꾸 생각하게 된다. 그러다 보면 나보다 상대방의 취향에 맞는 정보를 제공하려 노력하게 되고, 결국 서로가 서로를 중독시키는 구조가 된다. 물론 아무도 그렇게 하도록 강요하지 않는다. 소셜미디어에서는 단지 조회 수와 댓글만 제공할 뿐이지만 콘텐츠 제조자는 목숨을 걸다시피 그것에 중독되어 구독자를 중독시킬 콘텐츠를 만든다. 사실 소셜미디어의 쉽고 빠른 피드백만큼 치명적인 중독의 장치도 드물다. 물론 이것은 청소년뿐 아니라 모든 세대에 해당하는 것이다.

문제는 이런 중독도 다른 중독처럼 해롭다는 것이다. 스마트폰 등에 쓰는 시간이 많은 청소년은 자신의 삶에 만족도가 낮다. 소셜미디어가 온라인상에서 친구들을 연결해준다지만, 정작 친구를 직접 만나는 일이 줄어들고 그만큼 청소년은 소외된 것 같다고 느낀다. 소셜미디어는 쉬는 시간이 없다. 밤낮 쉬지 않고 접속할 수 있기 때문에 반대로 잠깐이라도 접속을 끊고 다른 일을 하다 보면, '혹시 내가 친구들끼리 하는 이야기에서 소외되는 건 아닐까?' 하고 불안해지기 쉽다.

요즘 미국 청소년은 파티에도 덜 가고 직접 만나는 횟수도 적지만 반대로 한번 모여서 놀면 그 기록을 수많은 사진과 포스팅으로 요란하게 남긴다고 한다. 모임에 초대받지 않은 사람에게는 씁쓸하다 못해 잔인할 만큼 소외감을 부추기는 사진들로 타임라인이 도배된다. 그리고 스마트폰 때문에 생기는 수면 방해도 문제다. 청소년기에 충분한 수면보다 중요한 게 없는데, 미국 청소년의 수면 부족 비율은 1991년에 비해 2015년에 57%나 늘었다. 잠을 제대로 못 자면 사고력이나 추리력이 떨어지고, 면역력과 건강에 문제가 생기고, 우울증 증세를 보이거나 근심, 걱정에 빠지기 쉬워진다.

욕망과 쾌락은 이처럼 인류의 성취에 강력한 원동력이 되었는데, 우리는 뇌에서 고통과 쾌락이 어떻게 만들어지고 억제되는지 잘 알지 못한다. 그래서 감정의 원리를 제대로 알기 위해서는 뇌의 쾌락엔진부터 제대로 알아볼 필요가 있다.

사람들은 소셜미디어에 글이나 사진을 올릴 때마다
'댓글'이나 '좋아요'에 신경을 쓴다.
다른 사람이 자신의 글이나 사진을 보고 무슨 생각을 할지, 뭐라고 할지 신경을 쓰고,
'좋아요'가 많지 않으면 어디가 문제일지 자꾸 생각하게 된다.
그러다 보면 결국 나보다는 상대방의 취향에 맞는 정보를 제공하려 하게 되고,
결국 서로가 서로를 중독시키는 구조가 완성된다.

소셜미디어에서 단지 조회 수와 댓글만 제공해도 콘텐츠 제조자는 그것에 중독되어
목숨을 걸다시피 노력하여 구독자를 중독시킬 콘텐츠를 만들려고 한다.
욕망 중에 가장 지독한 것이 남에게 인정받으려는 욕망이다.
그런 측면에서 소셜미디어는 술, 담배 못지않게 중독적이다.

PART FIVE

POWER OF EMOTION

우리에게는

단 하나의

쾌감엔진만 있다

1.
우리 뇌에는
쾌감엔진이 있다

쾌감회로의 발견 ● ● ●

1953년 제임스 올즈James Olds 와 피터 밀러 Peter Milner 는 수면과 각성주기를 조절한다는 '중뇌망상계'를 표적으로 쥐의 뇌에 전극을 이식했다. 그리고 외부에서 전기 자극을 주었다. 그런데 이식된 전극이 표적을 벗어나 중격 Septum 영역에 닿았고, 이는 전혀 예상치 못한 결과를 보여주었다. 그 결과에 흥분한 올즈와 밀러는 쥐가 지렛대를 누르면 전극을 통해 그 부위가 자극되게 했다. 그러자 두 사람의 앞에 행동신경과학 역사상 가장 극적인 장면이 펼쳐졌다. 쥐들이 스스로 자신의 뇌를 자극하기 시작한 것이었다. 그것도 시간당 무려 7천 번이나 지렛대를 눌렀다. 그들이 자극한 부위는 '쾌감중추'였다.

그 쥐들은 자연의 어떤 것보다 지렛대를 좋아했다. 물

과 먹이보다 쾌감회로의 자극을 더 좋아했다. 수컷들은 발정기의 암컷을 무시하고 지렛대를 눌러댔고, 암컷들은 갓 태어난 젖먹이 새끼마저 내팽개치고 잇따라 지렛대를 눌렀다. 어떤 쥐는 다른 모든 활동을 제쳐두고 시간당 평균 2천 번, 24시간 동안 자극을 가했다. 쥐가 자발적 기아로 죽는 걸 막기 위해서는 지렛대가 없는 곳으로 옮기는 수밖에 없었다. 그들에겐 이미 지렛대 누르기가 세상의 전부였다.

우리는 통증이 상처에서 오고, 쾌감은 특별한 성취에서 온다고 생각하지만, 이는 사실이 아니다. 쾌감은 뇌가 만든 것이고 전기적 신호일 뿐이라는 사실은 이미 60년 전에 밝혀졌다. 오렐리아는 전혀 행복감을 느끼지 못해 스스로 안락사를 선택했는데, 혹시 그녀에게 이렇게 쉽게 얻을 수 있는 쾌감을 주었다면 다소라도 행복감을 느끼고 버틸 수 있었을까?

쾌감을 얻는 방법은 다양하다. 아편을 마약으로 사용한 것은 정말 오래전부터인데, 작동의 원리는 1973년에야 밝혀졌다. 뇌에 모르핀과 결합되는 수용체가 있다는 사실이 밝혀진 것이다. 그리고 이 수용체가 뇌속에 있다는 말은 뇌가 이 수용체를 자극하는 물질을 만든다는 증거였다. 그래서 과학자들은 뇌 속에서 모르핀과 같은 작용을 하는 물질을 찾기 위한 연구에 집중했다. 그 결과 1975년, 우리 뇌에 모르핀보다 1백 배 이상 강력한 작용을 하는 마약이 존재한다는 것이 발견되었다. 이 물질을 뇌 속에 존재하고 있는 내인성 모르핀Endogenous morphine 이라는 의미로 '엔도르핀'이라 부르게 되었다.

이전까지 우리는 뇌 안에 그런 물질이 있는지도 몰랐다. 고통스러운 상황에서나 아주 극소량을 만들어서 고통을 달래는 정도였기 때문이다. 뇌에서 엔도르핀이 가장 많이 분비되는 때는 출산 시와 죽는 순간이라고 한다. 그러니 엔도르핀은 쾌감보다는 진통의 호르몬인 것이다. 엔도르핀보다 보편적으로 쓰이는 쾌감의 호르몬은 '도파민'이다. 우리가 맛있는 음식을 먹어도 도파민이 나오고, 음악, 예술, 우정, 사랑을 통해 쾌감을 느낄 때도 도파민이 나온다. 아니, 도파민이 나오기 때문에 우리가 쾌감을 느낀다는 것이 더 맞는 표현이다. 사실 모든 중독은 도파민 중독이라고 할 정도로 도파민은 쾌감을 통해 우리의 행동을 지배한다.

2017년, 도널드 트럼프 미국 대통령은 '오피오이드Opioid' 과다 복용에 대한 국가 비상사태를 선포했다. 미국보건통계센터에 따르면 미국 내 약물중독 사망자 수는 지난 15년 사이 3배가 넘게 증가했다고 한다. 수많은 임산부들이 마약에 중독돼 아기가 태어나자마자 마약 중독자가 되기도 하는데 무려 19분에 한 명 정도라고 한다. 태어나자마자 온몸을 부르르 떠는 신생아의 모습이 유튜브에 공개되면서 많은 사람을 안타깝게 했는데, 이 아기들은 탯줄을 끊자마자 어머니로부터 공급받던 마약이 끊겨 금단현상으로 부르르 떠는 것이었다.

이런 무시무시한 마약의 작동원리는 앞서 쥐들이 전기 지렛대를 누르던 모습과 동일하다. 뇌의 쾌감회로를 자극하는 것이다. 코카인은 코카나무에서 추출한 물질인데, 그 분자가 하는 역할은 단순히 도파민의 재흡수를 막는 것에 불과하다. 도파민은 분출된 후 재흡수가 되어야 쾌감이 중지되는데, 코카인이 그 통로를 막으면서 시냅스에 계속 많은 양의 도파민이 남아 있게 되어 강한 쾌감을 느끼는 것이다. 다른 마약도 원리는 같다. 도파민 같은 물질의 분비를 촉진하거나, 재흡수를 억제하거나, 분비를 억제하는 회로를 막아서 도파민 농도를 과잉으로 만든다. 그러면 지나치게 강한 쾌감이 발생하고 계속 그런 상태를 유지하고 싶은 욕망을 억제할 수 없어 중독성이 강한 마약이 되는 것이다.

쾌감 중독은 도파민 중독이다 ● ● ●

마약은 종류도 다양하고 제각각 우리의 몸과 마음에 주는 영향이 다르지만 그 원리는 생각보다 단순하다. 우리는 마약 하면 그 물질 자체에 아주 무서운 능력이 있어서 엄청난 쾌감과 환각을 일으키고 우리를 중독에 빠뜨려 망가뜨리는 것으로 알고 있다. 하지만 실제로는 마약 자체에 그런 기능은 없다. 마약은 기본적으로 도파민 분비를 촉진하거나, 도파민의 재흡수를 막아서 시냅스에 존재하는 도파민의 총량을 늘리는 약물들이다. 도파민을 최대 1,200%까지 증가시키는 메스암페타민 필로폰, 일명 히로뽕 을 인체에 투여하면, '다행감Euphoria'이라고 불리는 극도의 행복감과 며칠 동안 잠이 오지 않을 정도의 극단적인 각성 효과 그리고 작업 능력의 향상이 일어난다. LSD, 엑스터시, 대마도 도파민을 과다 분비시키고 이를 통해 환각과 망상을 유발시킨다. 아편은 통증 전달을 차단, 진통작용과 함께 쾌감을 발생시킨다.

도파민의 작용은 단순하지 않다. 도파민이 과다하게 분비될 경우 강박증, 조현병, 과대망상 등 쓸데없는 일까지 과도하게 몰입하게 되는 경우가 있다. 무언가를 하지 않으면 너무나도 답답하기 때문에 칫솔로 온 집안을 청소한다거나, 책에 있는 글자 수를 전부 세어 본다거나, 자기 이를 문제가 생길 정도로 계속 갈아내는 등 각종 이상 증상이 일어난다.

조현병 환자들은 대체로 도파민 수치가 높다고 한다. 필로폰을 맞은 상태와 비슷하다는 것이다. 도파민 농도가 올라가면 굉장히 예민해지고 쉽게 짜증을 낸다. 그런 상황에서 주변에 웃는 사람이 있으면 괜히 본인을 비웃는 것처럼 느낀다. 그런 식의 환상이 꼬리에 꼬리를 물고 반복되면 점점 거대한 '망상'으로 발전한다. 그래서 환청도 듣게 된다. 조현병 치료에 사용되는 항정신약물은 대부분 도파민 활동을 감소시키는 도파민 길항제이다. 이는 도파민의 불균형을 잡아주는 것이다. 조현병은 조기에 발견하고 치료하는 것이 중요한데, 골든타임을 놓치고 40대 이후에 치료를 시작하는 경우에는 망상과 환각 증상이 이미 만성이 된 상태라서 치료 효과가 굉장히 낮다.

알코올과 담배도 도파민과 깊은 연관성이 있다 ● ● ●

우리나라에서 마약은 불법이지만, 마약만큼 중독성이 강한데도 합법적으로 판매하는 물질이 있다. 바로 술과 담배다. 2010년, 칠레의 산호세에서 광산 사고로 33명의 광부가 지하 700m 아래 갱도에 한 달 넘게 갇힌 사고가 있었다. 자그마한 구멍을 간신히 뚫어 소통이 가능해지고, 간단한 물품도 전달할 수 있게 되자 이들이 간절히 원한 것은 다름 아닌 술과 담배였다. 물론 이들에게 담배는 제공되지 않았다. 광부들이 너 나 할 것 없이 담배를 피우면 갱도 내 공기가 심각하게 오염될 것이기 때문이다. 그 대신 니코틴 패치와 껌을 내려 보내주었다. 우리 모두는 담배가 매우 유해한 물질임을 충분히 알고 있지만, 그럼에도 담배를 끊기가 어려운 것은 마약과 마찬가지로 도파민의 중독 작용을 하기 때문이다.

더 놀라운 것은 금연약도 도파민과 관련이 깊다는 것이다. 매년 새해가 되면 많은 사람이 금연을 결심하지만, 1년 동안 금연을 유지할 가능성은 3~5%에 불과하다. 이런 금연을 도와주는 약물치료의 기본원리는 약으로 담배를 피우는 것과 비슷한 상태로 만들어 뇌가 착각하게 하는 것이다. 주로 처방받아 먹는 금연약은 니코틴이 뇌에서 결합하는 것을 방해하는 '바레니클린Varenicline'과 뇌의 도파민 분비량을 늘리는 '부프로피온Buprooion' 두 종류가 있다고 한다. 바레니클린의 평균 금연 성공률은 21.9%이다. 약물을 사용해도 금연은 성공하기 쉽지 않은 것이다.

우리가 알코올을 탐하는 이유도 쾌감 때문이다. 술이 한 잔 들어가면 일단 몸과 마음의 긴장이 풀어지면서 기분이 일시적으로 좋아진다. 이는 도파민의 분비가 일시적으로 증가하기 때문이다. 그럼 지속적으로 술을 많이 마시면 어떻게 될까? 우리의 뇌는 늘어난 도파민 분비량에 적응하기 위해 도파민 수용체를 줄인다. 쾌감의 감도를 낮추어버리

는 것이다. 그래서 더 많은 양의 술이 필요해지고 결국 중독에 빠지게
된다.

쾌감의 종류만큼 다양한 중독이 있다 ● ● ●

만약에 중독이 마약, 담배, 술뿐이라면 우리는 굳이 중독을 이해할 필
요가 없을 것이다. 3가지만 피하면 되기 때문이다. 하지만 중독은 종류
가 너무 많다. 심지어 사랑도 중독이다. 사랑에 빠진 사람들의 뇌를 촬
영해 보면 도파민이 폭발한다. 설탕의 나쁜 점을 말할 때 빠지지 않고
등장하는 말이 중독성이다. 캘리포니아 대학 소아과 교수인 로버트 러
스티그 박사Robert Lustig는 "우리가 설탕을 포함한 물질을 과도하게 섭취
하면, 중격측좌핵이 도파민 신호를 받습니다. 그래서 더 많이 탐닉하게
됩니다. 문제는 오랜 기간 노출될 경우, 이 신호가 점점 약해진다는 것
입니다. 그래서 동일한 효과를 얻기 위해 더 많이 섭취하게 됩니다. 내
성과 금단 현상으로 중독에 빠지게 됩니다"라고 말했다. 그런데 이것은
소금, 탄수화물, 고기 등 모든 맛있는 음식에 적용된다. 소금 중독, 탄수
화물 중독 심지어 음식중독이라는 제목을 단 책마저 나왔다. 뿐만 아
니라 커피, 쇼핑, 게임, 인터넷, 스마트폰 등 모든 좋아하는 것에 적용이
된다. 물론 질병으로 분류될 정도의 중독은 아니지만, 모두 몰두하고
탐닉하고 의존하는 것들이다.

　매슬로우의 욕구 5단계 이론에 따르면 1단계는 식욕, 성욕, 수면욕

같은 생리적 욕구이고, 2단계는 안전의 욕구, 3단계는 애정과 소속감의 욕구, 4단계는 존중의 욕구 그리고 마지막은 자아실현의 욕구다. 그리고 모든 욕구에는 중독이 있다. 사람들은 식욕과 같은 생리적 욕구를 가장 낮은 단계의 욕구로 보고 자아실현과 같은 욕망을 가장 차원 높은 욕망으로 보지만, 반대로 뒤집어도 아무 차이가 없다. 욕망에는 가치의 차이도 층위도 없다.

음식과 약물 중독: 폭식증, 거식증. 카페인, 알코올, 니코틴, 마약.

리듬과 자극 중독: 음악, 춤, 운동, 여행, 모험, 익스트림 스포츠.

학습과 몰입 중독: 인터넷, 스마트폰, 게임, 활자, 스토리, 퍼즐.

보상과 인정 중독: 권력, 명예, 명성, 금전 중독.

2.
감정을 좌우하는
화학물질이 많다

변연계에 쾌감을 만드는 회로가 있다 ● ● ●

뇌에는 여러 가지 신경전달물질이 있지만, 기본 원리는 동일하다. 열쇠와 자물쇠의 관계이지 물질 자체가 특정한 기능을 하지는 않는다. 쾌감이나 중독은 도파민에 의해 만들어지는 것이 아니라 그 물질을 신호로 받아들이는 시스템에 의해 작용한다. 뇌는 발달 단계에 따라 크게 뇌간Brain stem: 파충류의 뇌, 변연계Limbic system: 포유류의 뇌, 피질인간의 뇌의 3단계로 구분하는데, 그중 감정쾌감의 호르몬을 만드는 것은 변연계에 있다. 뇌간은 파충류의 뇌 또는 생존의 뇌라고 부르며, 가장 원시적인 뇌인 동시에 호흡중추, 심장박동중추, 체온조절중추, 수면중추, 혈압조정중추 같은 생존에 가장 필수적인 뇌라고 할 수 있다. 이들은 의지의 지배를 받지 않고, 자율적으로 기능을 수행한다. 더구나 뇌의 가장 중심 즉, 안쪽에 있어서 가장 잘 보호받는다. 뇌 중에서 가장 먼저 발달하는 곳으로 태어날 때 이미 완성된 상태다.

두 번째가 이 책의 주제와 밀접한 변연계이다. 변연계는 포유류의 뇌 또는 감정의 뇌라고 부르며, 뇌간과 대뇌피질 중간에 있으면서 시상, 편도, 해마 등으로 구성되어 있다. 감정을 만들고, 장기 기억을 만들고, 조절 호르몬을 만든다. 생존과 번식에 유리한 행동에 쾌감을 부여하고 반대되는 행동에 통증을 만든다. 마지막 세 번째는 대뇌피질이다. 인간이 다른 동물에 비해 압도적으로 많이 발전한 부위이고, 행동을 잘 제어하는 기능을 하여 통제의 뇌라고도 한다. 사고, 계획과 같은 고차원적 기능을 담당하며 감정과 충동을 조절하는 역할도 한다. 인간의 뇌에서 가장 특징적인 부위가 대뇌피질인데 그중에서 가장 나중에 완성되는 것이 전두엽이다.

하지만 이런 것은 대략의 구분일 뿐이고, 어느 것이 더 중요하다고 할 수도 없다. 뇌간이 없으면 생존이 없고, 변연계가 없으면 감정과 기억의 생성이 없다. 이들이 모두 원활히 작동해야 전두엽도 의미가 있다. 뇌는 모든 것이 연결되어 있고, 끝없는 상호작용을 하므로 3가지 뇌로 구분을 하는 것은 그저 편의적인 구분일 뿐, 실제 뇌의 어떤 부위가 어떤 기능을 한다고 명확하게 구분할 수는 없다. 서로가 서로에게 영향을 주고받는 것이다. 감정 즉 마음이 편안해야 이성적 기능도 잘 수행된다. 마음이 불안하고 우울하면 혈압은 오르고, 입맛은 떨어지고, 성욕도 떨어진다. 심장이 두근대면 마음도 두근댄다. 육체와 감정과 이성은 강하게 연결되어 있다.

뇌에 구체적인 감정의 회로가 있다고 확정하기는 힘들지만, 뇌의 특정 위치에 전기적 신호를 가하면 쾌감이 만들어지므로 쾌감의 회로 정도는 있다고 생각해야 할 것이다. 이런 쾌감에는 변연계의 복측피개영역VTA, Ventral tegmental area, 측좌핵Nucleus accumbens, 청반Locus ceruleus 등이 핵심 부위로 꼽힌다. 이들이 만든 신경신호가 대뇌피질 등 다른 부위로 전달되는데 도파민, 세로토닌, 엔도르핀 등이 사용된다. 그리고 노르에피네프린, GABA, 아세틸콜린, 글루탐산 등이 연합하여 도파민 활성을 조정하는 것으로 알려졌다. 생각보다 훨씬 복잡한 회로인 것이다. 그리고 도파민만 해도 D1, D2, D3, D4, D5 이렇게 5종류가 있는데, 각자 작동하는 위치와 작동의 방식 그리고 용도가 아래와 같이 다르다.

중뇌변연계 경로: 쾌감의 회로, 욕망의 하이웨이이자 중독의 핵심 경로이다. 생존에 유리한 행동을 할 때 도파민을 이 경로에 따라 내보내어 계속 행동하도록 보상을 한다. 이런 보상은 갈증과 같은 생존에 직접 관여된 행동으로부터 사회적으로 학습된 것까지 매우 다양하다.

중뇌피질 경로: 계획 및 의사 결정을 담당한다. 이 부위에 도파민이 결핍될 경우 외부 자극에 무관심하고 무신경해진다.

흑질선조체 경로: 뇌의 기저핵에 연결되어 우리 몸의 운동 근육을 조절하는 역할을 한다. 여기서 도파민의 결핍은 파킨슨 병에 걸릴 때 나타나는 전형적인 운동 장애를 일으키는데, 경직성, 떨림

또는 느린 움직임이 특징이다. 이 경로에 도파민이 과다하면 무도증이나 틱과 같은 과다운동장애를 초래한다.

결절 누두 경로: 뇌하수체로 연결되어 모유 수유 기능 등을 조절한다.

이처럼 도파민의 기능도 여러 가지이고 연결된 회로에 따라 전혀 다른 기능을 한다. 보상에 관련된 기능만 하여도 도파민이 사라지면 단순히 쾌락만 사라지는 것이 아니라 의욕도 사라진다. 도파민은 인간을 흥분시켜 인간이 살아갈 의욕과 흥미를 부여한다. 도파민이 결핍되면 무엇을 해도 금방 질리고 쉽게 귀찮아지며, 흥미를 느끼지 못하게 된다. 인간이 무언가를 하겠다는 감정이 생기거나 결심을 하게 만드는 것이 도파민이며, 인간이 일을 해내어 얻는 성취감이나 도취감 또한 도파민이 작동한 결과이다.

도파민은 아주 오래전부터 존재하던 신경조절물질일 뿐이다 ● ● ●

감정을 이해하려면 쾌감을 일으키는 도파민부터 이해해야 한다. 도파민은 세균에서도 발견될 정도로 기본적인 신호물질이며, 대부분의 다세포 동물에서 신경전달물질로 사용된다. 5억 년 이전부터 척추동물뿐아니라 극피동물, 절지동물, 연체동물 등에서 신경전달물질로 기능하면서 운동을 조정하는 역할을 했다. 예쁜꼬마선충에서는 음식을 찾는 운동을 증가시키고, 편형동물과 거머리에서도 운동을 조절한다. 다양한 척추동물에서 도파민은 행동의 전환과 반응의 선택 역할을 한다. 또한 모든 동물 집단에서 보상 학습의 역할을 한다. 회충, 편충, 연체동물 및 초파리도 도파민 수치가 증가해야 행동을 반복하는 학습을 한다. 이들에게 도파민은 생존의 물질일 뿐 중독을 일으킬 수 있는 위험한 물질이 아닌 것이다.

도파민은 아주 작은 분자로서 40여 종의 신경전달물질 중 하나일 뿐이다. 도파민은 너무나 단순하고 평범한 분자이다. 티로신에서 L-도파 dopa가 만들어지고, 여기에서 카복실기가 제거되면 도파민이 된다. 하이드록시기-OH가 한 번 첨가되고, 카복실기-COOH가 한 번 제거되는 반응은 너무나 흔하고, 분자의 크기도 모양도 너무나 평범하고 단순한 분자이다.

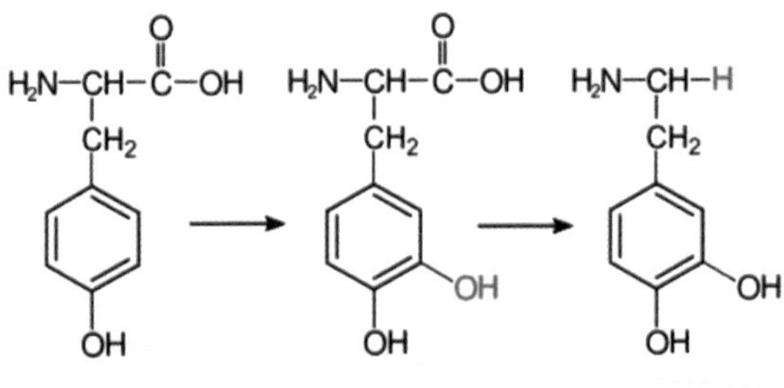

티로신   L-도파   도파민

그림 5-1. 티로신에서 도파민과 에피네프린의 합성 경로

다양한 도파민의 기능 ● ● ● ●

도파민의 기능은 여러 가지다. 어떤 경로에서 작용하느냐 즉, 어느 순간 어느 위치에 분비되느냐에 따라 기능이 다르다. 도파민의 대표적인 기능이 각성상태로 운동이 가능하게 하는 것이다. 『깨어남Awakenings』은 올리버 색스가 1920년대에 전 세계를 휩쓴 대유행병인 '수면병기면성뇌염'에 걸려 수십 년간 얼어붙고 시체나 다름없는 상태로 살아온 사람들을 관찰하고 쓴 이야기다. 수면병은 발병한 지 10년 만에 500만 명의 생명을 앗아갔고, 발생했을 때와 마찬가지로 1927년에 알 수 없는 이유로 갑자기 사라졌다. 이 수면병에 걸린 사람의 1/3이 아주 깊은 혼수상태와 불면상태로 빠져 사망했다. 병에 걸렸다가 살아남은 환자들도 이전 상태로 회복하지 못한 경우가 많았다. 그들은 의식이 있고 깨어 있지만 몸을 움직이지도 않고 말도 하지 않았으며, 기력이나 동기, 식욕, 정서, 욕망 등 어느 것 하나 없는 채로 하루 종일 의자에 앉아 지냈다. 올리버 색스는 1960년대 중반 뉴욕의 마운트카멜 병원에서 처음으로 50년 동안 꼼짝없이 그곳에 갇혀 있던 수면병 환자를 만났다. 그리고 이 질병에 빠져들어 환자들의 상태를 관찰하고 병을 연구하며 자료를 수집하기 시작했다.

1967년, 미국의 조지 코치아스가 파킨슨병에 걸린 환자에게 평소보다 1,000배나 많은 용량의 엘도파L-Dopa를 투여해 치료에 성과를 얻었다. 그전에는 뇌의 특정 부위에 도파민이 부족하면 파킨슨병에 걸린다는 사실을 알아냈지만 도파민을 직접 뇌로 공급할 수가 없었다. 도파민은 혈액뇌장벽 BBB 을 통과할 수 없기 때문이다. 반면, 엘도파는 도파민이 만들어지기 직전의 물질로써 혈액뇌장벽을 쉽게 통과한다. 엘도파를 공급하면 도파민을 보충하는 효과가 생기는 것이다. 이 결과로 파킨슨병 환자들에게 새로운 미래가 펼쳐지게 되었다.

올리버 색스는 그 소식을 듣고 조심스럽게 이중맹검법에 의해 엘도파를 투여하는 실험을 진행했다. 그러고는 엘도파의 눈부신 효과를 체험하게 된다. 엘도파를 처방받은 환자들의 첫 반응은 행복이었고, 눈부신 '깨어남'의 축제였다. 엘도파를 투약한 거의 모든 환자가 일정 시간 동안 구름 한 점 없이 쾌적한 건강 상태를 회복했다. 그러나 곧 거의 모

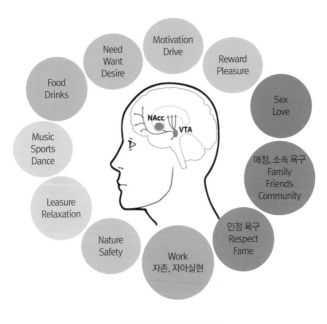

그림 5-2. 도파민의 기능

든 환자가 시간이 지나면서 이르건 늦건 어떤 식으로든 문제와 시련에 봉착하게 되었다. 몇 달에서 몇 년까지 좋은 반응을 보이다가 상대적으로 가벼운 문제를 겪는 환자들이 있는가 하면, 단 며칠 만에 효과가 사라지고 암흑 같은 고통 속으로 곤두박질치는 환자도 있었다.

도파민 대신 전기를 사용해도 결과는 똑같다 ● ● ●

도파민이 하는 일은 도파민 수용체와 결합하는 것밖에 없다. 그러면 나트륨 통로가 열려 전위차가 발생되고 신호전달체계가 활성화된다. 그러니 도파민 대신 뇌에 직접 전기를 연결하여 자극해도 똑같은 결과가 나온다, 미국의 뇌 과학자 헬렌 메이버그와 캐나다의 의사 안드레스 로자노는 2005년 만성 우울증 환자 일곱 명에게 최초로 뇌심부자극술을 시행했다. 어떤 방법으로도 치료되지 않았던 환자 일곱 명 중에 여섯 명이 이 수술로 증상이 호전되었다.

이런 연구의 시작은 사실 상당히 오래된 것으로 메이버그는 90년대부터 우울증을 일으키는 뇌 신경회로를 찾기 시작했다. 그리고 '브로드만 영역 25'라는 이름의 대뇌피질 영역을 발견했다. 안구 바로 뒤에 위치한 이 영역은 보상 시스템과 연결되어 우리의 동기, 공포, 학습과 기억, 자아, 수면 제어, 식욕 등 우울증 환자가 보이는 모든 증상에 관계가 있다. 우울증 환자는 이 영역이 보통 사람보다 작다. 메이버그는 이 영역을 일종의 '우울감의 중심'이라고 생각했다. 그래서 어떻게 제어할 수 있을지를 고민했다. 그러다 한 외과의사의 도움으로 영역에 접근할 수 있게 되었다. 그가 바로 토론토 대학의 안드레스 로자노였다. 그는 이미 수백 명의 파킨슨 환자에게 뇌심부자극술을 시술한 경험이 있었으며 새로운 분야에 도전하기를 즐기는 연구자였다.

그들은 처음 실험에서 가장 아래 지점에 9V를 흘렸다. 아무런 일도 일어나지 않았다. 전압을 더 올렸지만 아무런 변화는 없었다. 그들은 전극의 위치를 불과 0.5mm 위로 올렸다. 전압이 6V일 때 환자는 갑자기 말을 하기 시작했다. 환자는 그들에게 무엇을 했냐고 물었다.

"왜 그렇게 생각하나요? 어떤 느낌이 있나요?"
"아주, 엄청나게 고요한 느낌이에요."
"고요하다는 게 어떤 뜻이죠?"
"설명하기 어려워요. 마치 미소와 웃음의 차이를 묘사하는 것처럼요. 내가 느낀 건 어떤 상승감이에요. 내 몸이 가벼워진 것 같아요. 어느 추운 겨울날, 바깥에 나가 처음으로 돋아난 새싹을 보고 드디어 봄이 왔다고 생각할 때 받는 그런 느낌이에요."

자극기의 전원을 끄자, 그녀는 봄의 느낌이 사라졌다고 답했다. 후속 실험에서 다른 환자들 역시 그녀가 말한 '고양감'을 느꼈다. 어떤 이는 자신을 둘러싼 먼지구름이 사라졌다고 표현했고, 다른 이는 갑자기 방의 색깔이 화려해지고 더 밝아졌다고 말했다. 이러한 감각을 느낀 이들은 수술 후 한 달 이내에 상당히 높은 확률로 우울증이 개선되었다. 하지만 행복감과는 거리가 먼 것이었다. 환자들에게 특별한 새로운 것을 주었다기보다 그들을 괴롭히던 무언가를 없앤 것이다.

존스홉킨스 대학의 토머스 에드워드 슐래퍼는 학생이던 시절, 평소처럼 회진을 돌다가 정신의학과 과장으로부터 우울증의 증상이 무엇인지 질문을 받았다. 스위스 출신의 성실한 학생이었던 그는 교과서에 나와 있는 아홉 가지 증상을 말하기 시작했고, 과장은 그의 말을 멈추고 이렇게 말했다.

> "아니야, 슐래퍼 군. 우울증의 증상은 하나일세. 바로 즐거움이 없다는 거야. 환자에게 어떤 일을 할 때 즐거운지 물어보게. 그는 이렇게 말할 거야. 아무것도 즐겁지 않아요."

– 「Can You Overdose on Happiness?」 론 프랭크, NAUTILUS

쾌락불감증이야말로 우울증의 핵심이며, 다른 모든 증상은 쾌락불감증에 따라오는 것일 수 있다. 우울증이 호전되어야만 그들의 쾌락불감증 또한 완화되고 인지력과 의지도 회복된다. 이것은 욕망과 즐거움이 우리의 수많은 인지 과정의 원동력이라는 점에서 전혀 이상하지 않다. 욕망과 쾌락이 다른 모든 시스템을 가동시키며, 심지어 목표를 향해 행동하는 것을 가능하게 만든다.

쾌감의 엔진을 알아보면 '과연 이것이 쾌감의 끝이란 말인가?' 하는 의문이 들 정도로 단순하다. 그런데 우리는 이런 단순한 쾌락엔진이 만든 쾌감에 빠져들어 온갖 중독에 걸리고는 한다. 우리를 때로는 열정으로 때로는 파멸로 이끄는 중독의 원리도 반드시 알아볼 필요가 있다. 중독을 이해하면 벗어나기 힘든 감정을 이해하는 실마리를 찾을 수 있다.

뇌는 생존과 번식에 유리한 모든 행동에 도파민(쾌감)을 분출한다.
몸에 좋은 음식에 많은 도파민을 분비하고 맛있다고 기억한다.

도파민은 행동을 위한 호르몬이다.
맛은 먹을지 말지를 결정하기 위한 것이지,
맛을 객관적으로 평가를 위한 장치가 아니다.

뇌는 선택과 행동을 위해 때로는 차이를 증폭하고,
때로는 차이를 완전히 무시한다.

PART SIX

SIX

POWER

OF

EMOTION

올바른 감정이

이성보다

중요하다

1.
뇌는 어떻게
우리를 지배하는가?

모두 쾌락의 물질에 굴복한다 ● ● ·

앞에서 언급했다시피 마약 자체에는 아무런 쾌감도 중독성도 없다. 아주 단순한 화학분자일 뿐이다. 그것이 우리 뇌의 쾌락엔진에 도달하지 않는 한 아무런 기능도 없는 수천만 가지 화학물질의 하나일 뿐이다. 그런데 이것은 맛과 향 물질도 마찬가지다. 우리는 설탕을 달고 소금을 짜다고 느끼지만, 분자 자체에는 맛이나 향이 없다. 내 몸이 설탕과 소금을 감각할 수 있는 수용체를 만들어 달거나 짜다고 느끼는 것이다. 우리 몸이 설탕과 소금을 감각했을 때 맛있다는 쾌감을 느끼는 것은 너무나 당연하다. 설탕은 우리 몸속에 들어오면 포도당이 되고, 포도당은 우리 몸이 가장 많이 필요로 하는 에너지원이다. 소금은 우리에게 가장 많이 필요한 미네랄이지만 식물에는 칼륨이 많고 나트륨은 별로 없어서 음식으로 충분히 섭취할 수 없기 때문에 별도로 챙겨 먹어야 하는 유일한 미네랄이다. 자연에서 음식을 구하고 소금을 구하는 것이 쉬웠다면 굳이 설탕과 소금을 감각하지도 않았을 것이고, 설탕 중독이나 소금 중독이라는 말도 없었을 것이다.

현실은 항상 힘든 일이 많았고, 보상쾌감 은 그런 현실의 고단함을 견디는 힘이다. 뇌는 도파민 등을 분비하여 쾌락을 만들어 우리가 열심히 일을 하게 한다. 맛 중독도 마약 중독도 도파민 중독이고 쾌감 중독인 셈이다. 심지어 개미도 천성이 부지런한 것이 아니라 도파민에 이끌려 열심히 일을 한다. 우리는 모든 개미가 열심히 일한다고 생각하지만 평소에는 20% 정도의 개미만 일을 한다. 나머지는 일을 하지 않는 것이 에너지 절약 면에서 유리하고, 외적의 침입이나 자연 재해와 같은 상황에서 유리하다. 놀라운 것은 수만~수백만 마리의 개미가 중앙의 통제를 받지 않고도 필요한 만큼의 일을 수행한다는 것이다.

스탠포드 대학의 대니얼 프리드만Daniel Friedman 교수 연구팀은 개미를 잡아 머리에 페인트를 칠한 후 도파민 주입군과 대조군으로 나눠 행동을 조사했다. 그 결과 도파민을 투여한 실험군에서 먹이를 더 적극적으로 찾는다는 사실을 확인할 수 있었다. 검증을 위해 도파민과 반대작용을 하는 물질3-iodo-tyrosine 을 투여하자 역시 개미가 반대로 행동한다는 것도 확인했다. 도파민이 작동해야 어려움을 극복하고 지속적으로 노력하여 성취에 이를 수 있다. 도파민은 무언가 유능해지고 있다는 신호도 된다. 하기 싫은 일을 억지로 계속하면 초기에는 지루함으로, 더 심해지면 우울감으로 나타난다. 일생에서 도파민이 가장 많이 분비되는 때는 사춘기다. 몸과 마음이 성장하며 빠르게 유능해지는 시기이기 때문이다.

점점 더 빠져드는 것이 문제다 ● ● ·

적당한 쾌락은 어떤 것이든 별 문제가 없다. 문제는 일상의 수준을 벗어난 과도한 쾌락이다. 과한 쾌락은 점점 더 강한 쾌락을 요구하게 되어 있다. 쾌락은 생존의 수단인데, 너무 빠져들면 걷잡을 수 없는 늪에 빠져 생존마저 위협을 받는다. 마약 중독자는 어떤 가혹한 처벌을 받아도 마약을 포기하지 않고, 마약을 복용하기 위해 자신이 아끼는 모든 것을 포기하기도 한다. 중독자는 마약이 몸에 좋지 않고 결국에는 파국이 기다리고 있다는 것을 알면서도 그 쾌락에서 빠져나오지 못한다. 사실 그 정도 중독에 이르면 우리는 자유의지를 생산할 수 없는 상태가 된다. 뇌는 자유의지를 생산하지 못하고 이성으로 억제되지 않는다.

중독의 심각성은 '내성' 때문이다. 강한 쾌락은 많은 양의 도파민을 분비시킨다. 마약도 도파민을 대량으로 분비시킨다. 문제는 그렇게 되면 뇌가 도파민에 둔감해지면서 대량의 도파민에도 적응한다는 것이다. 수용체 하향 조절이 일어나는 것이다. 그 결과 평범한 일상에서 나오는 도파민은 전혀 위력을 발휘하지 못하고, 중독자는 마약이 주는 대량의 도파민이 있어야 일시적으로 괜찮은 상태가 된다. 하지만 그 시간은 오래가지 못하고 수용체의 하향 조절은 더 심하게 일어난다. 헤어날 수 없는 악순환의 늪에 빠지는 것이다. 그리고 중독자는 충동을 통제할 수 없다는 것에 절망하여 무력함에 빠지고, 끊으려고 노력하지만 다시 손을 대는 반복이 계속되어 절망에 빠진다. 그러다 결국 자기혐오에 빠진다.

중독은 결국 쾌감의 항상성 문제이고, 이런 중독은 의지의 영역을 벗어난 것이라 조언이 아닌 치료가 필요하다. 중독의 메커니즘을 이해하면 의지력의 대상이 아니라 치료의 대상이라는 것이 확실해진다.

중독은 뇌 구조를 변화시킨다 ● ● ●

중독의 심각성은 강한 쾌감이나 반복이 뇌에 도저히 잊을 수 없는 장기 기억을 남기고, 뇌의 쾌감회로를 바꾸는 데 있다. 도파민은 쾌감을 주었던 행동을 기억하고 반복하게끔 만드는 기능이 있는데, 반복되는 행동은 뇌의 가소성을 이용해 자주 사용하는 부위의 연결을 강화시키고 쓰지 않는 부위를 퇴화시키는 역할을 한다. 그렇게 뇌의 회로를 변형시키면 정상으로 돌아오기 점점 힘들어지고, 반복이 지속되어 습관이 되고, 습관이 중독이 되어 마침내 삶이 되어버린다.

항상 술만 마시는 남자의 뇌를 측정해 보면 술에만 반응을 한다고 한다. 알코올에 완전히 중독된 남자를 fMRI에 눕히고, 여러 종류의 사진을 보게 했더니 그 남자의 뇌는 술과 관련된 사진에만 반응을 했다.

사랑하는 아내의 사진, 귀여운 아이들의 사진, 즐거웠던 기억과 관련된 사진 등에는 쾌감회로가 반응하지 않았다.

사람이 즐거움을 느끼는 영역은 다양하다. 따뜻하고 안전한 가정환경에서 안락함을 느낄 수 있고, 친밀한 관계에서 소속감을 느낄 수 있다. 일을 통해 보람을 느낄 수 있고, 새로운 것들을 통해 짜릿함을 느낄 수 있다. 하지만 완전히 중독의 늪에 빠진 사람은 오로지 그것 한 가지에만 즐거움을 느끼도록 뇌의 회로가 변해버리기도 한다. 그래서 오직 그것만을 생각하고 갈망하게 된다. 그것 외에는 아무것도 재미를 느낄 수 없고, 의미도 없어져 버린다. 이것이 중독의 가장 무서운 점이다. 어떠한 대상이든 완전한 중독에 빠지면 문제가 심각해진다.

2.
중독은
항상성의 덫이다

생명 유지에 가장 중요한 것은 항상성이다 ● ● ●

우리가 밝은 곳에 있다가 갑자기 어두운 곳에 가거나,
반대로 어두운 곳에 있다가 밝은 곳으로 가면 처음에는
전혀 보이지 않다가 시간이 지나면서 시각기관이 적응
해 서서히 볼 수 있게 된다. 사용하는 수용체의 종류를
바꾸고 효소의 신호 증폭률을 바꾸는 등 최선을 다해 물
체 식별에 적합한 감도를 갖는 것이다. 나이가 들면 야
간 시력이 떨어진다는 것은 모두 알지만, 무려 1/16로
감소한다는 것까지는 잘 모른다. 빛의 양에 따라 적당한
감도로 잘 조절해주기 때문이다.

　건강에 있어서 가장 중요한 것을 한 단어로 말하라면
'항상성 Homeostasis'일 것이다. 생명이란 '동적 평형 상태
에 있는 흐름이다'라고 할 정도로 동적이지만, 빛의 양

에 따라 감도를 바꾸듯이 항상 적합한 상태를 유지하려 한다. 체온은 36.5℃, 혈액의 pH는 7.35를 벗어나면 큰 문제가 생긴다. 혈당이 높으면 당뇨지만 혈당이 낮으면 저혈당 쇼크가 발생하고, 혈압이 높으면 고혈압으로 문제지만 혈압이 낮은 저혈압은 그보다 위험하다. 혈액에는 항상 일정량의 산소가 있어야 하고, 산소 농도가 떨어지면 우리는 즉시 숨을 헐떡이며 초비상이 된다. 우리 몸이 평범한 상태를 잘 유지해야 다른 것을 할 수 있는 비범한 상태가 된다.

모든 생명체는 생존을 위해 이런 생물학적 항상성을 만들어왔고, 마음에도 항상성 시스템을 적용해 왔다. 그래서 커다란 슬픔이나 압도적인 공포도 시간이 지나면 적응한다. 두려움과 공포 그리고 통증도 사실 생존을 위해 뇌가 만든 감정이므로 너무 과하거나 부족하지 않게 조절한다. 예를 들어 가족 중 누군가가 호랑이에게 물려갔을 때, 슬픔에만 계속 잠겨 있다면 인류는 생존하지 못했을 것이다. 아무리 격렬한 감정도 시간이 지나면 점점 희석된다. 이런 희석 능력은 좋은 일에서도 똑같이 발휘된다. 처음 내 집이 생기고, 처음으로 승진하고, 첫 아이가 태어나는 순간에는 그 기쁨에 취해 영원히 행복할 것 같지만, 며칠이나 몇 주가 지나면 우리는 어느새 그것에 적응하고 만다. 그리고 그것이 기준이 되어 또다시 그 정도의 행복을 느끼기 위해 새로운 무언가를 찾아 나선다. 쾌락의 적응이 일어나는 것이다.

항상성의 부작용, 중독성 ● ● ●

이런 항상성은 간혹 부작용을 만들기도 한다. 감정에서 항상성은 쾌감이 충만한 흥분된 상태가 아니라 잠잠하고 평온한 상태가 목표이다. 도파민이 계속 지나치게 많을 경우 항상성은 어찌되었거나 평온한 상태를 만들어야 하는데, 대표적인 방법이 도파민 분비량을 줄이거나 도파민 수용체를 줄여서 같은 양이면 적게 흥분하게 만드는 것이다. 마약과 같이 도파민의 재흡수를 억제하거나 도파민의 분비를 촉진하는 물질을 오남용할 경우 뇌는 도파민 수용체를 줄이게 되는데, 그 결과 동일한 도파민에 대한 반응이 줄어 마약의 효과가 줄게 된다.

문제는 도파민은 모든 기쁨에 관여하는 물질이라 도파민에 대한 감수성이 줄면 일상생활에서의 행복조차 무미건조해진다는 것이다. 그러면 더욱 약물을 갈망하게 되는 악순환에 빠져들고, 결국에는 약물 말고는 행복할 수 없는 가엾고 딱한 처지가 된다. 일상에서 일어나는 소소한 행복에서 만들어지는 도파민의 양으로는 도저히 즐겁지 않은 뇌구조가 되는 것이다.

마약은 현대인만의 문제 같지만 네안데르탈 유적에서도 마약 물질이 발견되었고, 수렵 채집을 하는 피그미족이 유일하게 재배한 작물이 바로 대마였다. 그래서 『코스모스』의 저자 칼 세이건은 어쩌면 인류가 농사를 시작한 것은 식량을 재배하기 위해서가 아니라 마약을 재배하기 위해서가 아니었을까 추측하기도 한다. 실제로 피그미족 외에 다른 여러 원시 부족도 마약이나 알코올 같은 향정신성 물질을 즐긴다. 현대에 들어와서 마약의 종류는 급격히 많아졌다. 유엔 마약위원회가 지정한 마약은 133종, 향정신성 물질은 111종이나 된다. 사실 과거에는 마약 중독이 그렇게 크게 문제가 되지 않았다. 천연물에서 그렇게 고농도로 마약을 대량생산할 능력이 없었기 때문이다.

그런데 이런 마약보다도 담배가 중독성이 높다고 한다. 흡연을 하게 되면 폐로 흡입된 니코틴은 불과 7초 만에 뇌로 전달된다. 뇌에 도착한 니코틴은 뇌 속에서 니코틴성 아세틸콜린 수용체와 결합하고, 결합된 수용체의 말단에서 아세틸콜린과 도파민을 분비한다. 분비된 아세틸콜린은 주의력이나 업무능력이 향상된 느낌을 주며 도파민은 보상경로를 활성화하여 만족감과 행복감을 준다. 그러나 이러한 행복의 동거 기간은 아주 짧다. 항상성 회로가 쾌감을 급격히 줄여버리는 것이다. 담배는 일단 시작하면 중독률이 80%로 마약보다 2배 이상 높다. 기억은 커다란 감정적 충격이나 반복이 지속될 때 잘 형성되는데, 마약은 한번에 강력한 쾌감을 주지만 횟수는 적은 데 비해, 담배는 한번 들이킬 때마다 혈액에 니코틴이 출렁거리게 하고, 도파민도 출렁거리게 한다. 하루에 200번의 반복으로 도저히 잊지 못할 기억을 형성하는 것이다. 담배는 지독한 반복으로 만든 기억이라 금단의 고통도 지독히 반복적이고 오래간다.

3.
중독은
장기기억 현상이다

기억의 원리: 강한 감정 ● ● ●

쾌감은 반복을 만들고, 반복은 강력한 기억을 만든다. 강한 감정은 강한 기억을 만든다. 극단적인 예가 마약인데 마약성 약물도 장시간예: 1시간 에 걸쳐 서서히 올라갈 때보다는 단시간예: 10분 이내 에 흡수될 때 중독 위험이 커진다. 강한 쾌감이 뇌의 배선을 보다 강력하게 바꾸는 것이다.

트라우마는 강력한 감정공포감 을 동반한 기억이다. 전쟁, 자연재해, 테러, 성폭력 등을 겪으면 여러 가지 심리적 고통과 정신적 장애에 시달릴 수 있다. 이라크전에 참가했던 군인의 약 17%가 트라우마를 겪어 전역 후에 정상적인 사회생활을 하지 못한 것으로 나타났다. 강한 감정으로 인해 당시의 기억이 각인되어 지우고자 해도 정말 쉽지 않았던 것이다. 증상이 계속 이어지면 조울증이나 우울증, 무기력증을 불러일으킬 수 있다. 대다수의 상담자들이 나가서 활동을 하는 것, 운동을 추천한다.

강한 감정은 가장 확실한 기억의 수단이다. 기억 과정은 감정의 영향을 많이 받아서 아주 재미있었던 기억과 너무나 슬픈 기억은 세월이 많이 흘러도 잊어버리지 않고 생생히 떠올릴 수 있다. 그 이유는 이런 감정 상태일 때 정보가 뇌에 쉽게 입력되고 견고하게 저장되기 때문이다.

사람이 감정을 자제하고 애써 무표정하게 있을 때, 단기 기억력이 감소한다는 연구 결과도 있다. 영화를 보면서 즐겁고 우스운 장면이 나오거나 슬픈 장면이 나올 때, 웃거나 우는 것을 못하게 감정을 억제하면 영화에 대한 기억력이 떨어진다는 것이다. 좋은 기억력을 유지하려면 우선 기억하려는 일에 재미와 흥미를 느끼며 즐거운 마음 상태를 갖고 감정을 안정시켜야 한다.

다양한 감정이 다양한 기억이다. 단순한 생명은 반응도 단순하고 감정이 단순하다. 우리 인간은 다양한 경험을 통해 다양한 감정을 만들고 다양하게 기억한다. 복잡한 상황에서는 복잡한 감정을 만들어 상황을 판단하고 적절히 대처하는 능력을 키워왔다.

기억의 원리: 반복 ● ● ●

세상 모든 것에 감정을 부여하기는 쉽지 않다. 재미없는 공부도 할 수밖에 없을 때는 반복의 힘을 이용한다. 아래는 폴란드 바르샤바의 쇼팽 국제 콩쿠르에서 우승한 조성진21 씨의 인터뷰 내용이다.

"이달 초 열린 본선 1~3차 무대는 엄청나게 떨렸다. 내가 어떻게 연주했는지 기억이 나지 않을 정도였다. 도저히 기억이 나지 않아서 나중에 유튜브를 찾아봤을 정도다. 그런데 네 번째였던 마지막 결선 무대에서는 신기하게 안 떨리더라. 연주는 손이 저절로 하고 있었고, 나는 내가 연주하는 음악을 즐기면서 듣고 있었다. 어떻게 이렇게 한 건지는 진짜 잘 모르겠다. 가끔 저절로 잘 풀리는 연주가 있긴 했지만, 이번 마지막 무대는 확실히 만족스러웠고 내가 원하는 쇼팽 협주곡이 나왔다."

반복된 훈련이 몸의 기억을 만들고 몸의 기억은 의식이 없어도 잘 재현된다는 것을 보여주는 대목이다.

반복을 많이 하면 원하든 원하지 않든 기억으로 남는다. 아무리 비논리적인 이야기도 세뇌를 하면 기억이 되고 행동이 바뀐다. 그렇게 무섭다는 마약도 중독 확률은 30% 정도라고 한다. 반복의 횟수가 적기 때문이다. 그런데 담배는 중독 확률이 80%이다. 쾌감의 양은 적지만 하루에 한 갑을 피우고 한 개비를 10번 흡입한다면 반복 횟수가 200번이나 되기 때문이다. 중독은 장기 기억 현상이다. 강한 쾌감이 있거나 반복이 많으면 뇌는 기억한다. 음식은 날마다 꼬박꼬박 평생 동안 지속하는 행위다. 그만큼 지독한 중독이라 음식을 섭취하지 못하면 오로지 음식 생각밖에 할 수 없게 된다.

기억의 원리: 장소와 인출 ● ● ● ·

기억은 장면으로 저장되고, 사소한 단초에 의해 인출된다. 인출은 장면을 재구성하고 기억을 강화시킨다. 기억은 여러 시냅스에 관련 정보가 저장되어 네트워크를 형성하기 때문에 관련 기억은 하나만 떠올라도 연관된 다른 내용들이 함께 떠오르게 되어 있다.

뇌의 기억 방식은 컴퓨터의 방식과 닮은 부분이 있지만 다른 부분도 많다. 컴퓨터는 자료를 온전히 한 세트로 기억하고 나중에 그 정보를 그대로 끌어다 쓰지만 우리 뇌는 그렇지 않다. 각 감각 기관별로 경험을 따로 저장하고 사건의 스토리도 따로 저장한다. 그리고 사건의 스토리를 불러올 때 재구성된다. 그것이 기억의 용량을 엄청나게 줄일 수 있고 효율적이기 때문이다.

그리고 그 기억은 여러 경로를 통해서 불러올 수 있다. 즉 외부에서 받은 하나의 자극은 수많은 다른 정보와 언제든지 연결될 수 있는 것이다. 그래서 우연히 같은 냄새를 맡으면 기억에서 완전히 사라졌던 음식뿐 아니라 그때 같이 먹었던 사람과 분위기까지도 회상해낼 수 있는 것이다. 단지 음식물에 대한 기억일 뿐 아니라 먹는 순간과 장소, 같이 한 사람 등에 대한 전체적 장면을 인출한다.

고대와 중세까지 기억력은 학문과 예술의 원동력이자 인간의 가장 우수한 능력으로 간주되었다. 그러다 15세기 인쇄술의 발명과 함께 쇠퇴하기 시작하여 지금은 별로 중요하지 않은 것처럼 여겨진다. 하지만 '나는 나의 기억이다'라고 할 정도로 기억은 중요하다. 기억을 완전히 잃는다면 이전의 자신은 완전히 잃어버린 것과 같다. 요즘은 기억력보다 창의력이 중요하다고 하지만, 창의력은 기억하고 있는 사실을 새로운 관점에서 재구성할 수 있는 능력이지 무에서 유를 창조하는 능력이 아니다. 기억이 없으면 창의력은 존재할 수 없다.

이렇게 중요한 기억을 효과적으로 하는 방법으로는 기원전 5세기 그리스 시인인 시모니데스가 창안한 '장소법'이 유명하다. 장소법은 어떤 목록을 암기할 때 자신이 친숙하여 쉽게 회상할 수 있는 장소를 선택하고 기억해야 할 내용들의 목록을 그 장소의 특정 위치와 연관시켜서 배치하여 나중에 차례로 떠올리기 쉽게 하는 것이다. 이런 장소법이 강력한 이유는 우리 뇌의 기억법과 닮아있기 때문이다. 수렵과 채집의 시기에 어떤 장면에서 사자를 만났고, 어디를 가야 맛있는 음식을 찾을 수 있고, 어디를 가야 물을 마실 수 있는지 장소 또는 장면을 기억하는 것이 핵심이지, 사자나 과일 그 자체를 기억하는 것은 별 의미가 없다. 지금도 인간은 무서운 경험을 하면 그것을 겪었던 상황, 장소, 냄새, 분위기를 통째로 기억한다. 그래서 비슷한 분위기가 느껴지면 불현듯 확소름이 돈기도 한다. 마약을 끊었던 사람이 사소한 단초에 의해 확 재발하는 경우가 그렇다.

식구는 같은 것을 같이 먹는 사이라는 뜻이다. 그만큼 많은 경험을 같이 쌓는 관계이다. 특별한 날에 특별한 음식을 먹으면 특별한 기억을 만들고, 그런 기억은 나중에 그때와 비슷한 음식을 먹음으로써 언제든지 꺼낼 수 있게 된다. 그때의 분위기, 당시의 대화와 감정까지도 함께 말이다. 그리고 그런 기억의 인출은 기억을 다시 강화시킨다. 기억의 핵심은 강한 감정, 반복 그리고 인출인데, 중독 또한 그렇게 작동하는 것이 문제다.

중독은 장기기억 현상이다.

인간의 뇌가 큰 것은 적절한 판단을 위해 많은 패턴을 기억해야 하기 때문이다.

기억은 커다란 감정이 동반되거나 반복이 지속될 때 잘 만들어진다.

중독은 생존에 필수적인 쾌감의 항상성과

장기기억 현상에 의해 만들어진 것이라 벗어나기 쉽지 않다.

4.
몰입하는 뇌와
중독되는 뇌

좋은 몰입, 성취의 즐거움 ● ● ●

우리는 나쁜 쪽으로 빠져드는 것을 중독이라고 말하고, 좋은 쪽으로 빠져드는 것을 몰입이라고 말한다. 심리학자 칙센트 미하이는 몰입했을 때의 느낌을 '물 흐르는 것처럼 편안한 느낌', '하늘을 날아가는 자유로운 느낌'이라고 했다. 일단 몰입을 하면 몇 시간이 한순간처럼 짧게 느껴지는 시간 개념의 왜곡이 일어나고, 자신이 몰입하는 대상이 더 자세하고 뚜렷하게 보인다. 그리고 대상의 내용을 단시간에 흡수할 수 있게 된다. 그래서 몰입은 달인을 만든다. 남이 상상하기 힘든 속도로 자신의 일을 처리하는 달인은 자신의 일에서 가치를 찾고, 그 일을 아름다움으로 승화시킨 사람이다. 남들보다 높은 목표를 가지고 그 일에만 집중하여 좀 더 효율적인 방법을 찾고 또 찾아 자신의 스킬이 증가하는 것에 만족하는 사람이다. 또 특별한 보상을 목적으로 일하지 않고, 일 자체를 즐기며 자신의 일을 아름다움의 경지까지 끌어 올려야 만족하는 사람이다. 그런 측면에서 본인에게 맞는 몰입할 주제를 찾는 것이 행복한 인생을 살아가는 가장 확실한 방법이기도 하다.

몰입은 긴장과 이완의 두 가지 상태를 왔다 갔다 하면서 이루어진다. 우리는 약간 어려운 문제를 만나면 긴장을 한다. 그러다 문제를 풀면 만족감과 쾌감을 느낀다. 동일한 수준의 문제를 계속 풀면 점점 긴장이 줄고 만족감도 줄어든다. 그러다 난이도가 적당히 높아지면 다시 긴장을 하고, 문제를 풀면 만족감과 쾌감을 느낀다. 점점 향상되는 성취감이 도파민을 분출시키고, 도파민은 또다시 그 기쁨을 얻기 위해 몰입을 강화시킨다. 그러니 스스로 계속 좀 더 어려운 문제에 도전한다. 그러면서 더 큰 기쁨을 느낀다. 몰입은 긴장의 쾌락과 이완의 쾌락을 반복하면서 점점 수준 높은 문제 해결에 도전하는 원동력이 된다. 예술에서 사람의 시선을 끄는 원리로 '정점이동효과Peak shift effect'가 있다. 사람들이 한계라고 생각했던 것을 한 단계 더 끌어올려 모든 사람의 관심을 받는 것이다. 사람들은 평균에서 편안함을 얻고 평균을 넘어선 자극에 주목한다.

도파민은 너무 쉬운 문제를 풀 때나 너무 어려운 문제를 만났을 때는 나오지 않고, 동일한 수준이 반복될 때도 분출되지 않는다. 학습의 계속성과 강화를 위해서는 난이도의 설정이 중요한 것이다. 방향성이 있는 항상성이 몰입의 원리이다.

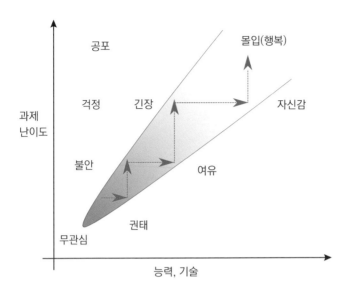

그림 6-1. 몰입의 원리

나쁜 몰입, 침체의 늪 ● ● ●

우리 몸에는 좋은 몰입도 있지만 비만이 비만을 부르고, 우울이 우울을
부르는 것처럼 나쁜 몰입도 있다. 부정적인 생각이 부정적인 생각을 불
러 스스로 고통을 자초하는 것이다. 심리적 고통은 일단 형성되면 쉽게
사라지지 않고 계속 남아 있다가, 어떤 이유로든 당시의 고통을 되살릴
만한 이유가 생기면 몇 번이고 되풀이해서 수면 위로 떠오른다. 그러면
서 불행의 늪에 깊숙이 빠져든다. 우리 뇌가 만들어낸 고통일 뿐인데
그렇다.

중독은 이처럼 항상성과 기억 등 생존의 가장 기본적인 기능과 완전히 얽혀있어서 싫거나 필요 없다고 확 떼어낼 수가 없는 것이다. 빠져나오기 힘든 중독에 빠지기 전에 미리미리 적당히 밀고 당기는 기술이 필요한 것이지, 그것과 전쟁을 하겠다는 자세는 바람직하지 않다. 중독의 극복이 쉽지 않은 것을 이해하려면 마약보다는 우리 일상인 음식을 생각해보는 것이 쉽다. 비만의 원인은 단순하다. 필요한 양보다 많이 먹어서 생기는 현상이니 그냥 적게 먹으면 된다. 그런데 이 쉬운 일이 안 된다. 줄이려고 노력할수록 점점 더 힘들어진다.

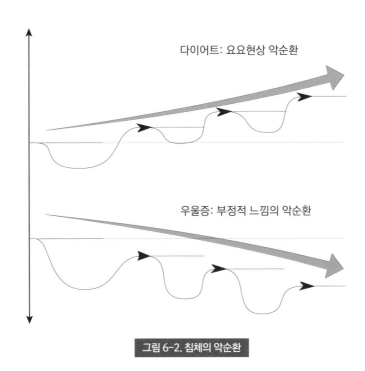

그림 6-2. 침체의 악순환

PART SEVEN

POWER OF EMOTION

욕망과의

전쟁은

실패하기 마련이다

1.
비만과의 전쟁은
실패하기 마련이다

식욕은 마약보다 강하다 • • •

많은 사람이 가장 힘겹게 투쟁하는 욕망 중 하나가 식욕이다. 우리는 항상 식욕에 패배하고 체중은 늘어만 간다. 비만의 원인은 단순하다. 많이 먹기 때문이다. 해답도 간단하다. 덜 먹으면 된다. 하지만 결코 뜻대로 되지 않는다. 지금까지 등장한 다이어트 방법만 무려 2만 6천 종이라고 한다. 모두 1900~1925년 사이에 등장한 방법이고, 사실상 동일한 다이어트가 이름과 효과에 대한 설명만 달리하여 계속 재등장하고 있다. 다이어트의 실패율은 무려 98%에 이른다. 간혹 체중을 빼는 경우도 있지만 2년 이상 감량을 유지하는 사람은 100명 중 2명에 불과하다. 잠깐 살을 빼는 방법은 많아도 2년 이상 체중을 유지하는 다이어트 방법은 위절제술 말고는 없다.

　미국은 세계 최대의 다이어트 국가이자, 세계 최고의 비만 왕국이다. 1980년대에 들어서도 비만의 부작용이 나날이 심각해지자 미국 정부는 칼을 빼들고 비만과의 전쟁을 선포하여 온갖 노력을 기울여 왔다. 제품마다 영양 성분을 표시하고, 음식에서 지방을 줄이려고 하고, 좋은 식단을 추천하고, 대규모 다이어트 집단 실험 등 가능한 모든 수단을 동원하여 범국가적인 노력을 기울였지만 결국은 실패했다. 오히려 비만 인구가 더 빠르게 늘었다. 미국의 첨단 과학도, 기술도, 국력도 식욕 앞에서는 철저하게 무기력했다.

　사실 미국인처럼 보건정책에 충실히 따르는 사람들도 없다. 붉은 살코기를 먹지 말라고 했더니 1970년부터 소고기, 돼지고기 소비량이 급격히 줄고, 대신 닭고기를 많이 먹었다. 버터는 1940년부터 줄이고, 우지는 1950년부터, 달걀도 1950년부터 줄였다. 대신에 마가린을 더 먹었다. 식물성 마가린과 트랜스지방이 더 나쁘다는 말이 나오자 1990년부터는 마가린 소비가 줄었다. 대신 식용유를 더 먹었다. 설탕이 나쁘다고 하자 1970년부터 설탕 소비를 반으로 줄이고 대신 과당을 더 먹었다. 탄산음료가 나쁘다고 해서 2000년부터는 콜라 판매도 꾸준히 감소하는 추세이다. 전 세계 유기농 제품의 1/3 이상을 소비하고, 해산물, 신선한 채소와 과일, 통곡물의 소비도 늘고 있다. 도대체 의사 말을 듣지 않는 경우가 없다. 단지 음식의 총 섭취량이 줄지 않았을 뿐이다.

　배가 고플 때 먹는 음식이 주는 쾌감보다 강력한 것은 없다. 타는 갈증은 최후의 기력을 끌어내 물 쪽으로 내 몸을 끌고 가려는 처절한 욕구다. 배부를 때 젊은 남자가 생각하는 것은 여자, 오락, 담배 등이지만, 3일을 굶기면 오로지 먹는 생각뿐이라고 한다. 마약보다 강한 것이 식욕이다. 우리는 배고프면 만사 제치고 먹을거리를 찾도록 프로그램되어 있다. 인류는 거의 모든 시기를 굶주려 왔다. 따라서 있을 때 더 먹어 비축하려 한다. 그래서 평상시에도 필요량보다 30%를 더 먹는다. 예전에는 그렇게 더 먹는 것이 생존에 매우 유리했다. 하지만 현대인은 여건이 완전히 바뀌어서 스마트폰 버튼만 몇 번 누르면 세계에서 가장 맛있게 튀겨진 치킨이 날아오는 세상이다. 예전 같으면 명절 때나 먹을 음식을 끼니마다 평상식으로 먹고 있다. 사실 이런 환경에서 이 정도 비만율을 유지하는 것도 인간의 절제력이 다른 동물에 비해 거의 부처님 급이기 때문에 가능한 일이다.

우리는 매일 1.5kg 정도의 음식을 먹는다. 그중에 3g만 살로 가도 매년 1kg씩 체중이 늘어나게 된다. 우리가 몸에 지나친 스트레스만 가하지 않으면 그 정도의 체중 증가에서 멈춘다. 음식이 차고 넘치는 현대 생활에서 그 정도면 나름 잘하고 있는 편이다. 다이어트의 핵심은 몸과의 전쟁이 아니라 적당한 밀당과 타협이다.

이해하기 힘든 거식증과 거식 찬양 ● ● ●

대부분 많이 먹어서 걱정이라지만, 반대로 너무 먹지 않아도 문제가 된다. 건강보험 심사공단에 의하면 섭식장애로 진료를 받은 사람이 2008

년 1만 940명에서 2012년 1만 3,002명으로 5년 사이에 18.8%나 증가했다. 섭식장애는 크게 거식증_{신경성 식욕부진증} 과 폭식증_{신경성 폭식증} 이 있다. 거식증 환자는 식사를 거부하고, 극도로 말랐는데도 왜곡된 신체 이미지를 지녀 자신이 여전히 뚱뚱하다고 여겨 음식을 계속 거부한다. 반대로 폭식증 환자는 짧은 시간 안에 많은 양의 음식을 섭취하는 반복적 폭식을 한다. 아울러 늘어난 체중 때문에 구토를 하고 약물을 복용하며 굶고 과도한 운동을 하기도 한다. 비만도 문제이지만 거식증으로 인한 식사의 거부는 다른 정신질환이 동반되고, 신체적 합병증까지 발생하는 경우도 많아 심각성이 더 크다.

거식증 환자에게 "말랐는데 왜 그래?" 하며 비난조로 말하거나, "저러다 말겠지." 하며 방치하거나, "뚱뚱한 것보다는 낫지." 하며 분위기를 조장하는 것은 굉장히 위험할 수 있다. 섭식장애의 핵심은 미용에 대한 만족도가 아니라 '자기통제'에 대한 만족도이다. 생존의 기본인 섭식을 통제해서_{굶어서} 자기 자신에 대한 영향력을 확인하는 것이고, 섭식통제에 완전히 성공하면 거식증이 된다. 이런 거식증을 현대적인 질병이라고 생각할지도 모르지만, 의외로 유서가 깊은 질병이다.

유럽 중세 시대의 기록에도 금욕주의적인 생활에 몰두하던 여성들이 식사를 거부하면서 먹은 것을 바로 토하거나, 성체성사에서 나누어 주는 영성체 외에는 아무것도 먹지 않았다거나 하는 이야기들이 자주 등장한다. 게다가 아무것도 하지 않는 것이 아니라, 열정에 불타면서 열심히 봉사활동을 다닌 덕분에 체중 감소가 가속되었다. 더 무서운 점은 주위 사람들은 그런 모습을 보면서 성녀라고 칭송하고, 그러한 여성들은 비정상적으로 말라가는 자신의 몸을 보면서 오히려 기뻐하고 종교적인 환희를 느꼈다는 것이다. 거식증 환자들은 완벽주의나 결벽증과 비슷한 맥락을 가져서 살이 빠질 때 자신의 몸에 대한 통제감을 느끼며 만족한다.

하지만 거식증에 걸리면 우울증이 생기고 대인관계에도 문제가 생긴다. 거식증 환자들의 사인死因에는 거식증보다 우울증으로 자살하는 경우가 더 많고, 자살이 아닌 경우는 심장마비가 사인인 경우가 많다. 지속적인 영양부족으로 몸은 점점 근육을 소진시키고, 온몸의 장기는 영양과 근육 부족으로 쪼그라들며, 최후에는 심장의 근육까지 소비되기 시작한다. 이때라도 잘 먹으면 되지 않느냐고 할 수 있지만, 그 상태에서 갑자기 많은 음식을 먹거나 그 결과 갑자기 살이 찌면 심장에 감당하기 힘든 부담이 가해져 심장마비로 사망할 수 있다. 거식증의 치료 경과는 썩 좋지 않고, 입원 치료 뒤에 체중을 회복해도 재발해 다시 저체중으로 돌아가는 경우도 많다.

'프로아나'는 찬성을 뜻하는 'Pro'와 거식증Anorexia 의 'Ana'를 합성한 단어다. 다이어트에 지나치게 집착하여 거식증에 걸리고 싶어 하는 사람들을 가리킨다. 주로 10대에서 20대 초반 사이의 여성이 많은데, 이들은 거식증이 얼마나 무서운 질병인지를 모르고, 그저 마른 몸매를 원해서 이 병에 걸리고 싶어 한다. 실제로 프로아나들이 가장 이상적으로 생각하는 몸매로 삼는 체형 사진을 보면, 하나같이 아사 직전이라고 할 정도로 마르다 못해 뼈에 가죽만 남은 듯한 거식증 환자들의 사진이다. 음식 중독도 위험하지만 통제 중독도 위험한 것이다.

식품에서 단편적인 문제는 대부분 해결되었다.
불량식품은 거의 없고, 불량지식만 많다.
남은 것은 음식을 배고프지 않을 정도로만 먹는 것처럼 평범하지만
꾸준히 실천해야 할 것들이다. 이것이 가장 어려운 문제다.

방법이 많다는 것은 관심은 많으나 정답이 없다는 뜻이다.
아무리 치명적인 질병도 해결책이 나오면 관심에서 사라진다.
다이어트, 항암식품, 건강법처럼 방법이 많은 것은 아직 정답이 없다는 뜻이다.

2.
알코올과의 전쟁은
그야말로 험난했다

술은 이완의 쾌감으로 중독을 일으킨다 ● ● ●

알코올은 오피오이드와 도파민 농도의 분비를 증가시켜 이완의 즐거움을 느끼게 한다. 술이 한 잔 들어가면 일단 몸과 마음의 긴장이 풀어지면서 기분이 일시적으로 좋아진다. 그런데 지속적으로 술을 많이 마시면 어떻게 될까? 도파민의 분비가 마냥 늘어나고 기분은 더더욱 좋아질까? 아니, 오히려 반대다. 음주를 지속하게 되면, 우리의 뇌는 쾌감의 항상성을 위해 도파민 수용체를 줄인다. 이후에도 음주를 지속하면 늘어난 수용체만큼 도파민이 더 많이 분비되어야 모든 수용체에 도파민이 결합하고, 그래야만 과거처럼 기분이 좋아지게 된다. 이를 위해서 더 많은 양의 술이 필요한데, 이것이 '중독'에 빠지는 전조 단계이다.

술이 없으면 도파민이 부족하여 불안, 초조, 갈망감이 나타나게 되고, 심하게는 경련, 구토, 진땀, 손떨림 등의 금단 현상이 나타나기도 한다. 대부분의 '주당'들은 이러한 증상을 떨쳐버리기 위해 또다시 술을 찾는다. 결국 몸과 마음이 함께 술에 점점 의존하게 되고 헤어나오지 못하게 된다. 이쯤 되면 '알코올 중독'으로 불린다. 게다가 자기 자신뿐 아니라 타인에게 피해를 주는 경우도 많이 발생한다. 그래서 많은 나라가 알코올 줄이기 운동에 뛰어들었지만 역시나 쉽지 않다.

미국은 과거에 종교의 힘으로 강제적인 금주법이 실시된 적이 있다. '술이 모든 것을 망친다!'면서 법으로 술을 금지시켰으나, 상황은 오히려 악화되었다. 조상 대대로 먹던 술을 못 먹게 하니 사람들이 이에 반발해 몰래 술을 사먹거나 직접 담가 먹는 상황이 벌어졌으며, 이런 '위법' 행위들을 하다 보니 법을 어기는 경험이 쌓이면서 시민들이 점차 법과 정부를 무시하는 풍토가 퍼져 사회가 한층 무질서해졌다. 이런 무질서한 사회에서 등장한 마피아 세력은 직접 술을 수입하거나 만들어 팔면서 많은 이득을 남겼고, 그 돈으로 정치인을 매수해 정치판마저 자기들 마음대로 좌지우지했다. 결국 손 쓸 도리 없게 폭주하자 금주법에 강하게 찬성했던 사람들마저 금주법 지지를 철회했으며, 일부는 역으로 반 금주법 운동을 벌이기도 했다.

우리나라 음주 문화의 변천 ● ● ●

"술 마시고 노래하고 춤을 춰 봐도 가슴에는 하나 가득 슬픔뿐이네~."
송창식의 노래 '고래사냥'의 도입부이다. 이 노래 하나만 봐도 우리가
얼마나 음주가무를 즐기는 민족인지 알 수 있다. 근래의 술 문화를 보
면 1910년 경술국치 후 우리나라의 식자들은 나라를 잃은 우울과 통
분을 삭히는 술을 마셨다. 6.25 이후에도 백성들은 정치적 불안과 가난
에 시달렸고, 이때의 술은 현실을 잊게 해주는 역할을 했다. 하지만 아
무나 술 마시고 취하기에는 나름 비싸고 귀한 것이었다.

우리나라 대중이 쉽게 술에 취할 수 있게 된 것은 소주 덕분이다.
1965년부터는 정부의 양곡 정책으로 쌀이나 보리 등의 곡물을 술의
원료로 쓸 수 없게 되었고, 값싼 전분으로 만든 희석식 소주가 대량 공
급되었다. 가격이 저렴하다 보니 사람들도 자주 마시게 되었고, 각종
행사에 술을 넘치도록 내놓기 시작했다. 그리고 이때부터 폭음으로 인
한 여러 사회적 문제가 많아졌다. 더구나 전통적 가치관이 힘을 잃어가
면서 술 취한 후의 행동에 대해서도 통제가 적어지고 관대해졌다.

소득이 증가하면 가장 먼저 먹는 것에 대한 한풀이가 시작되는데,
1970년대 중반 이후 어느 정도 소득이 올라가자 체육행사나 대학 축
제 등에 술이 넘치기 시작했다. 누구나 마셨고, 주량도 자랑이 되었다.
결핍한 시대를 막 벗어나던 시대의 한풀이가 술로 이루어진 것이다. 단
한 번이라도 실컷 먹어보는 것이 소원이었던 시대적 보상이 술이었다.
경기가 점점 좋아지자 일하는 시간도 늘었지만, 그것과 더불어 술을 마

감정이 어려워 정리해 보았습니다 ● ● ● ● ● ● ● ● ●

시는 횟수와 시간은 더욱 늘었다. 그리고 술의 고급화가 진행되고 접대술의 비중이 커졌다. 80년대에는 룸살롱, 스탠드 바 등의 주류 판매 업소가 더욱더 고급화, 대형화되었고, 사람들은 술 자체를 즐기기보다는 허영과 과시를 드러내기 위해 음주를 했다.

그러다 1990년대에 들어서면서 우리나라의 음주 문화는 서서히 변하기 시작했다. 세계 유수의 술이 수입되어 선택의 폭이 급격히 넓어졌고, 해외여행의 자유화로 다른 나라의 음주 문화를 접할 기회가 늘어났다. 더구나 건강에 관심이 많아지면서 무절제한 음주 문화에 대한 많은 비판이 일어났다. 사람들이 술을 덜 마시게 된 것이다. 그리고 여기에 마이카My car 붐도 한 몫을 했다. 90년대 이후 마이카 붐으로 인해 음주와 운전 둘 중 하나를 선택해야 할 상황이 자주 생겼고, 술을 거절할 수 있는 확실한 이유가 되었다. 최근에는 '일과 생활의 균형'을 맞춘다는 '워라밸Work and Life Balance' 문화가 여러 조직에 도입되어 접대와 회식이 많이 사라져 가면서 사람들의 주류 소비가 함께 줄고 있다. 그 수많은 금주 캠페인이 효과가 별로 없었는데 환경이 바뀌니 저절로 음주 문화가 바뀌고 있다.

3.
금연의 역사는
생각보다 길다

그동안 엄청난 금연 운동이 펼쳐졌다 ● ● ●

"담배는 백해무익이다"라는 말은 이제 하나의 진리처럼
인식되고 있다. 그래서 전 사회적으로 온갖 금연 운동을
계속하고 있지만, 그 효과는 기대에 미치지 못하는 실정
이다. 이런 금연 운동의 역사는 생각보다 깊다.

"역사상 처음으로 대규모로 담배를 탄압한 것은
영국의 제임스 1세였다. 그는 1604년 잉글랜드
국왕으로 즉위하자, 곧장 '담배 배격론'이라는 팸
플릿을 간행하여 흡연을 '미개하고 신을 믿지 않
는 이교도의 야만적이고 불결한 풍습'이라고 맹
렬하게 비난했다. 그리고 담배의 관세를 한꺼번
에 40배 이상 인상하는 극단적인 조치를 취했다.

하지만 한 번 담배의 맛을 알게 된 사람들이 금연을 하기는 쉽지 않았다. 결국 밀수입이 급증하여 그의 재위 중에 담배의 소비량이 오히려 늘었다고 한다. 1639년 네덜란드의 뉴암스테르담 식민지현재 뉴욕에도 금연령이 내려졌지만, 시민들의 격렬한 반대로 흐지부지되었다. 오스만튀르크제국에서 흡연자는 귀나 코가 잘리는 형벌이나 교살형에 처해졌으며, 제정 러시아에서도 흡연자에게 사형이나 시베리아 추방 등의 가혹한 형벌이 가해졌던 시기가 있었다. 그 외에 크롬웰, 루이 14세, 히틀러 등도 담배를 탄압했다. 이와 같은 역사적 독재자의 탄압에도 담배를 완전히 몰아내는 데 성공한 예는 없다."

- 『탄소시대』, 사토 겐타로

금연의 홍보활동은 어마어마했다. 지금도 흡연은 질병이라는 공익광고를 TV에서 내보낸다. 건강에 치명적이라는 경고 이미지를 담뱃갑 앞·뒷면의 절반 크기 이상 넣어야 하고, '흡연은 당신을 죽일 수 있다!', '담배는 암을 유발한다!' 등의 경고문구도 같이 넣어야 한다. 미국식품의약국FDA도 담배에 관속의 시신, 구멍 뚫린 목에서 새어 나오는 담배연기, 누런 이와 암이 번진 입술 등 혐오스럽고 충격적인 사진을 넣게 했고, 2015년에는 담뱃값을 무려 80%나 인상하는 조치를 취하기도 했다. 게다가 카페와 주점 등 많은 곳이 금연구역으로 지정되면서 흡연자들을 크게 불편하게 하고 있다. 하지만 담배 포장지에 넣는 암을 유발한다는 문구, 혐오스러운 사진, 가격 인상 등은 효과가 없거나 아주 잠깐 있었다.

담배는 왜 그렇게 끊기가 힘들까? ● ● ·

세계적인 인물 중에는 골초가 많다. 역사상 가장 유명한 골초 중 한 사람은 처칠일 것이다. 식사할 때와 잠자리에 드는 시간 이외에는 입에서 시가를 놓은 적이 없다고 전해질 정도다. 어떤 사진기자가 그의 입에 담배가 물려 있지 않은 사진을 찍으려고 며칠을 따라다녔으나 결국 실패하고 말았다는 일화도 있다. 정신분석학의 창시자 프로이트도 대단한 골초였고, 담배는 그의 삶과 연구의 촉진제이자 동시에 독약이었다. 구강암 때문에 30번이 넘는 수술을 하면서도 결국 담배를 끊지 못하고 죽었다. 러셀, 피카소, 헤밍웨이, 체 게바라, 마오쩌둥, 덩샤오핑 등도 담배를 물고 살았다.

흡연은 암의 가장 큰 원인이며 하루에 두 갑 이상의 담배를 피우는 사람은 평균 수명이 8년 이상, 한 갑 피우는 사람은 6년 감소된다. 흡연가들은 담배에 불을 붙이는 순간, 눈을 뜨고 피우는 첫 담배의 연기를 빨아들이는 순간 담배에 독이 있다는 것을 직감적으로 안다. 문제는 왜 그럼에도 담배를 끊지 못하느냐는 것이다. 오히려 담배가 몸에 나쁘다는 것이 자신이 담배를 피우는 목적이라도 되는 양 행동한다. 그래서 만약에 담배가 건강에 좋다고 한다면, 담배를 피울 사람은 없을 것이라

감정이 어려워 정리해 보았습니다 · · · · · · · · ·

는 농담마저 있다. 그것이 '건강'이라는 가치로 흡연을 만류하려는 정책들이 왜 허무한 결과를 낳는지를 설명해 주는 것 같다.

담배는 중독률이 80%로 마약보다 2배 이상 높다. 니코틴 때문이다. 니코틴은 원래 가짓과 식물들이 곤충을 회피하기 위해 만든 신경독성 물질로 곤충에게 강력한 살충 기능을 한다. 인간도 과량에 노출되면 치명적이다. 말린 담배 잎에는 무려 0.6%에서 3.0%의 니코틴이 들어 있고, 파프리카, 고추, 감자, 토마토, 피망 등 나머지 가짓과 작물에서도 소량 들어 있다. 이런 천연 질소화합물 니코틴이 인간에게 역사상 가장 끊기 힘든 중독을 일으킨다. 담배에 중독되는 기본 원리는 마약이나 다른 중독과 같다. 담배를 피우면 니코틴이 체내에 흡수되어 혈류에 의해 빠르게 퍼지고, 뇌의 혈뇌장벽을 쉽게 통과하여 대략 7초 만에 뇌에 도달한다.

니코틴이 중추신경의 니코틴 수용체와 결합하면 뇌의 보상계에서 도파민, 아세틸콜린, 노르에피네프린, 에피네프린, 바소프레신, 엔도르핀 등 많은 신경전달물질이 분비된다. 에피네프린은 혈중 포도당을 높이고 심장 박동과 혈압, 호흡 수를 증가시킨다. 혈중 포도당 농도가 증가하여 식욕을 감소시키고 대사를 증가시켜 일부 흡연자는 체중이 감소하기도 한다. 아세틸콜린이 증가하면 집중력 및 기억력을 향상시키는 것처럼 느껴지고, 아세틸콜린과 노르에피네프린은 경각심을 향상시켜 각성 효과를 높인다. 엔도르핀을 증가시켜 고통과 불안감을 감소시킨다. 니코틴의 치명적인 유혹은 뇌의 보상계의 감수성을 높이고, 도파민의 분비를 촉진하는 것이다.

니코틴은 다른 화합물처럼 '시토크롬 P450' 효소에 의해 분해된다. 사람마다 차이가 있지만 대략 2시간 정도면 절반이 분해되어 버린다. 그것이 니코틴 보충_{흡연}의 욕망을 부른다. 니코틴이 니코틴_{담배}을 욕망하는 것이다. 흡연은 지독하게 반복적이다. 기억은 커다란 감정적 충격이나 반복이 지속할 때 잘 형성되는데, 담배를 한번 들이킬 때마다 혈액에 니코틴이 출렁거리게 하고 도파민이 출렁거리게 한다. 하루에 200번의 반복으로 도저히 잊지 못할 기억을 형성한다. 이런 지독한 반복적 기억과 도파민_{쾌감}의 항상성이 금단의 고통을 만든다. 쾌감은 절대 평가가 아니고 상대 평가이다. 우리 뇌는 일정한 수준의 자극에 계속 같은 양의 쾌감을 만들지 않고, 상대적으로 더 높아진 자극에만 쾌감을 일으킨다. 담배를 처음 피울 때는 강렬한 자극이 되지만 이내 익숙해지고, 끊었을 때의 고통만 남는다. 지독한 반복으로 만든 기억이라 금단의 고통도 지독히 반복적이고 오래간다.

마약을 하면 할수록 마약의 사용량을 늘려야 하는 이유가 도파민의 항상성 때문이고, 끊었을 때 엄청 고통을 겪는 것은 도파민 분비 회로가 망가져 적절한 도파민의 분비가 일어나지 않기 때문이다. 담배는 그나마 사용량을 계속 증가하도록 하지는 않는다. 담배의 위해성을 가르치는 것보다 담배의 중독이 얼마나 의미 없고 지독한 것인지를 제대로 설명해주는 것이 청소년의 흡연 예방에 효과적일지도 모르겠다.

흡연은 지독하게 반복적이다.
기억은 커다란 감정적 충격이나 반복이 지속할 때 잘 형성되는데,
담배를 한 번 들이킬 때마다 혈액에 니코틴을 출렁거리게 하여
도파민이 출렁거리게 한다.
하루에 200번의 반복으로 도저히 잊지 못할 기억을 형성한다.
이런 지독한 반복이 만든 기억과 쾌감의 항상성이
치명적인 금단의 고통을 만든다.

시작하지 않는 것이 최선이다.

NO
SMOKING

4.
풍선효과,
한쪽을 누르면 다른 쪽이 커진다

미국의 담배 소비량은 과거에 비해 많이 줄어들었다. 하지만 마약 문제만은 날이 갈수록 심각해지고 있다. 마치 중독에 총량 불변의 법칙이라도 있는 것 같다. 미국을 비롯한 여러 나라에서 대마가 합법화되면서, 우리나라에서도 대마 합법화 논의가 수면 위로 떠오르고 있다. 우리나라는 비교적 마약에서 안전한 나라 같지만, 가끔씩 연예인 대마초 사건이 등장한다. 의학적인 관점에서 보면 마약 중에서 대마만큼은 술이나 담배보다도 위해성이나 중독성이 낮다. 하지만 쉽게 허용할 수는 없다.

그런 측면에서 네덜란드의 마약 정책은 독특하다. 네덜란드는 대마를 비범죄화 즉, 허용은 하지 않지만 처벌도 하지 않기 때문이다. 네덜란드는 마약중독 때문에 사망하는 경우보다 주사기를 돌려쓰다가 사망하는 경우가 많다는 점에 착안해 아무 조건 없이 무상으로 주사기를 교체해주고, 마약 엑스터시의 불량 여부용량이 과하면 크게 위험하다 를 출장해서 감별해주는 등 파격적인 마약 정책을 시행했다. 결과적으로 네덜란드는 오히려 마약으로 인한 피해가 줄었고, 이후 다른 나라도 이런 정책을 참고하고 있다.

마약 사용자를 범죄자로 낙인찍는 정책은 어느 정도의 억제 효과가 있지만, 마약이 음지로 숨어들면 반대로 범죄 조직의 이득이 커지므로 그들은 마약 사용자를 늘리려고 노력하게 된다. 마약 사용자는 그 법 때문에 마약 중독보다 범죄의 수렁에 빠져서 헤어 나오지 못하게 되는 경우가 많은 것이다. 한 번 실수로 영원히 나락에 빠지는 것은 약물과 정책의 합작품인 셈이다.

마약으로 마약을 치료할 수도 있다 ● ● ●

사람들은 쾌락이 아니라 마약이라는 물질 자체에 중독성이 있다고 생각한다. 그래서 마약성 진통제나 마약성 치료제를 두려워한다. 그런데 어떤 환각제는 마약 치료에 현실적인 대안이 될 수 있다. 이보게인 Ibogaine 은 식물에서 얻는 가장 강력한 환각제의 하나이다. 그런데 1962년, 뉴욕 대학 학생이자 아편 중독자였던 하워드 로트소프가 단 한 번의 이보게인 복용으로 어떤 금단 증상도 없이 아편 중독을 치료했다. 그 이후로 연구자들이 이보게인의 치료 효과에 큰 관심을 가지고 있다.

독과 약을 가르는 것은 용량과 용법이지 그 물질에 붙여진 이름이 아니다. 대마는 대마초라는 식물에서 얻어지는 천연물이다. 인류가 마약을 활용한 흔적은 무려 기원전 300만 년부터 찾을 수 있다. 수지 형태로 만든 해시시, 대마의 잎을 잘게 썬 마리화나가 그것이다. 이들 성분은 진정, 이완, 행복감, 환각 등의 효과가 있다. 과도한 사용 시 부작용이 있지만, 대마는 최근에 개발된 각종 마약에 비해 중독성이나 부작용이 낮은 편이다. 그리고 구성 성분도 다양하여 66가지 이상의 카나비노이드 성분이 있다. 그래서인지 대마로만 치료가 가능한 질병도 몇 가지 있다. 하지만 마약이라는 선입견 때문에 약으로 사용허가가 나지 않았다가 최근에야 인식이 바뀌어 앞으로 난치병 환자가 자가 치료용으로 사용할 수 있게 되었다. 뇌전증 등 희귀·난치 환자들이 해외에서 허가된 대마 성분 의약품을 자가 치료용으로 수입해 사용할 수 있게 한 것이다.

패치형 마약성 진통제도 효과가 크다. 보통 진통제로는 효과가 없을 때 마약성 진통제가 매우 효과적인 경우가 있는 것이다. 그럼에도 마약에 대한 잘못된 선입견으로 마약성 진통제를 거부해서 헛고생을 한다. 통증은 상처가 만드는 것이 아니라 그것을 감각한 뇌의 통증 회로가 만든다. 통증은 상처를 내는 것과 같은 위험한 행동을 하지 않도록 나의 뇌가 몸에 내리는 처벌이다. 그런데 시스템이 완벽하지 않아 엉뚱한 처벌을 내리기도 한다. 그리고 이제 충분히 알았으니 그만 통증을 만들라고 해도 워낙 고집이 세서 말을 듣지 않는다.

5.
감정은 힘이 세다

감정이 행동의 원천이다 ● ● ●

우리는 맛을 논할 때 흔히 '맛있다와 맛없다'로 평가한
다. 맛있다는 감정은 계속 먹는 행동을 유도하고, 맛없
다는 감정은 먹는 것을 멈추게 한다. 우리가 먹지 않으
면 배가 고픈 느낌이 오고, 느낌이 오면 그것에 맞는 행
동을 하려 한다. 행동을 통해 욕구를 해소하지 않으면
그런 행동을 하라는 느낌이 점점 강해진다. 살아가는데
기본이 되는 동력은 이성보다는 이런 감정이다.

　미용과 건강을 위해 날씬한 몸을 원하지만 우리는 먹
는 것을 쉽게 멈추지 못한다. 추문에 휩싸일 가능성이
높다는 것을 뻔히 알면서도 성욕을 멈추지 못해 이상한
행동을 하기도 한다. 식욕, 성욕, 수면욕 등 생리적 욕구
와 관련된 감정은 억제해보면 금방 그 힘을 체감할 수

있다. 간혹 인기가도를 달리는 연예인들이 공황장애 때문에 활동을 중단하는 것을 심심치않게 볼 수 있다. 공황장애는 마음의 병이지만 갑자기 숨이 멎을 것 같은 느낌과 공포가 밀려오면 정상적인 활동을 하기 힘들어진다. 이처럼 감정은 정상적인 삶을 파괴할 정도로 강력하지만 그것을 잘 관리하기가 쉽지 않다.

본인에게 큰 상처가 났는데 얼마나 피가 흐르면 생명이 위험할까 궁금하다고 지혈을 하지 않으면 어떻게 될까? 생존에는 그런 이성적인 질문보다 상처와 피를 무서워하는 감정이 훨씬 도움이 된다. 실제 삶에서 올바른 감정이 이성보다 중요할 때가 많고 그런 감정은 뇌가 만든다. 뇌는 신경세포의 시냅스 즉, 신경세포의 연결망에 의해 작동하는 것으로 시냅스는 가소성이 있지만 금방 쉽게 바뀌는 것이 아니다. 우리의 생각이나 감정도 가능한 배선의 다양한 조합이지 존재하지 않는 배선이 그때그때 만들어지는 것이 아니다. 조합이 자유롭지 창조는 자유롭게 마음대로 할 수 있는 것이 아니다. 상상이란 이미 알고 있는 것을 새롭게 조합하는 것이지 완전한 없는 것에서 튀어나온 것이 아니다. 따라서 감정의 토양을 미리미리 가꾸는 노력을 할 필요가 있다.

이처럼 감정에 대한 기본적인 특성을 정리한다고 해도 기존에 알려진 것을 정리해 본 것이지 감정의 실체는 손에 잡히지 않는다. 감정의 속성을 좀 더 구체적으로 알기 위해서는 감정을 만드는 뇌의 속성을 알아볼 필요가 있다. 그렇다고 뇌의 일반적인 속성을 알아보는 것은 별로 힘이 없다. 뇌를 이해하는 핵심인 뇌가 어떻게 작동하는지 그 원리를 알아볼 필요가 있다. 감정을 만드는 뇌와 이성을 만드는 뇌는 다르지 않다. 지각을 하는 뇌와 감정을 만드는 뇌가 다르지 않다. 모두 단일한 단 하나의 뇌에서 일어나는 현상이라 하나를 제대로 알면 나머지는 저절로 알게 되는 것인데 그동안은 너무 제각각 다루어졌다. 따로따로 지식은 온전한 지식이 아닌 셈이다. 더구나 지각의 원리를 알면 뇌의 작동하는 특성도 알 수 있다. 그렇게 공통적인 특성을 알면 감정이 왜 그런 식으로 작동하는지에 대한 이해가 쉬워진다. 그래서 감정에 대한 이야기는 잠시 접고, 지각의 원리를 알아보려고 한다.

PART EIGHT

POWER OF EMOTION

시각의 원리를 알면

지각의 비밀도

알 수 있다

1.
우리는 눈이 아니라
뇌로 본다

시각이 가장 많은 정보량을 처리한다 ● ● ·

우리에게는 후각, 미각, 시각, 청각, 촉각 말고도 온도감
각, 통각, 체감각, 고유감각 등 다양한 감각이 있다. 이중
에서 시각은 우리가 감각하는 정보의 60% 이상을 담당
하고, 대뇌피질의 25%를 차지하는 가장 중요한 감각이
자 가장 많이 연구된 감각이다. 내가 이런 시각 시스템
에 관심을 가진 이유는 우리가 어떻게 맛과 향을 지각하
는지 그 원리를 찾기 위해서였다. 후각은 아무리 공부를
하려고 해도 자료가 많지 않다. 후각이 뇌에서 차지하는
부피도 0.1%에 불과해 측정도 쉽지 않다. 시각을 이해
하면 후각도 이해할 수 있지 않을까 하는 생각에서 시각
공부를 시작했더니 맛을 이해하는데 많은 도움이 되었
고, 뇌를 이해하는데도 많은 도움이 되었다. 내가 『감각

감정이 어려워 정리해 보았습니다 · · · · · · · · ·

착각 환각』에서 다룬 내용을 다시 이렇게 요약 정리하는 것은 감정을 공부하면 할수록 지각의 원리와 감정의 원리가 같은 속성을 가지고 있다는 생각 때문이다. 한 가지 원리, 한 가지 프레임으로 뇌의 여러 현상을 바라보고 이해할 수 있다는 확신도 있다.

내가 시각의 기작을 공부하다가 지각의 원리를 찾아보는데 가장 결정적인 도움이 된 것은 '착시 Optical illusion'와 '맹점 채움 현상'이다. 착시가 단순히 뇌의 실수라면 사람마다 다르고 그때그때 달라야 하는데, 언제나 누구에게나 똑같은 패턴으로 일어난다. 단순히 실수로 일어나는 일이 아닌 것이다. 나는 착시와 맹점 그리고 맹점을 채우는 현상을 통해 환각이 일어나는 메커니즘을 이해했고, 뇌에 대하여 정말 완전히 새롭게 이해하고 지각에 대한 원리도 찾을 수 있었다. 결론을 미리 말하자면, 지금 내 눈앞에 펼쳐진 이처럼 정밀하고 입체적인 영상은 단순히 거울에 비친 영상처럼 망막의 신호가 뇌의 시각영역에 비치는 것이 아니라 뇌가 일일이 하나하나 그린 그림이다.

"우리는 눈이 아니라 뇌로 본다"라고 말하는 사람은 많다. 하지만 지금 눈앞에 펼쳐진 장면이 나의 뇌가 그린 그림이라면, 눈을 감으면 왜 그렇게 생생하게 그릴 수 없는지까지 설명하는 사람은 없다. 시각이 뇌가 그린 그림이라는 것을 말로만 적당히 이해하는 것은 별로 쓸모가 없다. 이것을 완벽하게 이해하고 받아들이면 감각, 착각, 환각 그리고 지각에 대해, 심지어 감정에 대해서도 완전히 새롭게 이해할 수 있다.

눈은 카메라와 많이 다르다 ● ● ●

시각을 이해하기 위해서는 먼저 눈의 기본적인 구조부터 알아야 한다. 눈은 수정체Lens로 빛을 모아 망막Retina에 영상을 투시하는 구조로 되어 있다. 망막에는 빛을 감각하는 수용체를 가진 시각세포가 있어서 신호를 뇌로 전달한다. 요즘 매우 선명한 디스플레이를 '레티나Retina, 망막 디스플레이'라고 부르는 것을 보면 눈이 얼마나 발달했는지 알 수 있다. 눈에는 수많은 시각세포가 있으며, 이론적으로는 2억 개 정도의 시각세포가 들어갈 수 있는 공간이 있고, 실제로는 1억 2,600만 개 정도가 들어 있다.

그런데 정말 놀라운 것은 정작 눈에서 뇌로 들어가는 신경 다발의 숫자가 불과 100만 개라는 것이다. 다시 말해 감각한 빛이 120:1 이하

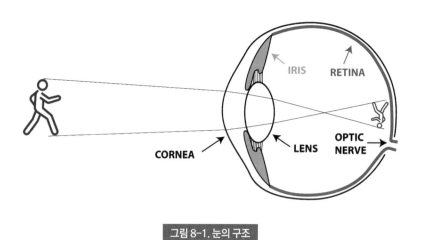

그림 8-1. 눈의 구조

감정이 어려워 정리해 보았습니다 ● ● ● ● ● ● ● ● ●

로 축소되어 전달된다는 뜻이다. 물론 이 100만 개도 결코 적은 양은 아니지만, 우리 눈앞에 펼쳐진 이 선명한 세상이 불과 100만 화소로 만들어진 영상이라는 것은 정말 놀라운 일이다. 요즘 스마트폰의 콩알만큼 작은 카메라도 1,000만 화소가 가볍게 넘는데 우리가 실제 보는 세상이 1억 2,600만 화소가 아니라 불과 100만 화소로 만들어졌다는 사실은 시각이 단순히 렌즈에 비친 이미지가 아니라 뭔가 복잡한 작업으로 인한 결과라는 것을 말해주는 증거이다. 100만 화소를 가지고 1억 화소처럼 세상을 선명하게 보여주는 뇌의 놀라운 기술은 뒤에서 자세히 알아보기로 하고, 우선은 '맹점'에 대해 알아보겠다. 사실 맹점 하나만 온전히 이해해도 시각과 지각의 비밀을 많이 알 수 있다. 나에게는 확실히 그랬다.

시각 수용체는 불균일하게 배치되었고 맹점마저 있다 ● ● ●

사실 모든 사람은 눈에 장애를 가지고 있다. 바로 '맹점 Blind spot, 암흑점'이다. 오징어 눈의 시각세포는 망막 뒤에 있어서 그 신호를 모아서 자연스럽게 뇌 쪽으로 연결하지만, 인간은 시각세포가 망막 앞에 거꾸로 배치되어 있다. 그래서 신경 신호를 모아 뇌로 전달하기 위해서는 눈의 일부 영역을 통로로 써야 한다. 눈의 중심인 황반중심와을 약간 벗어난 지점에는 신경다발이 한군데로 모여서 지나가는 지점이 있는데, 이 부분이 바로 맹점이다. 인간의 눈에는 상당한 양의 불량화소가 있는데 우리는 평소에 그런 맹점이 있다는 것을 전혀 눈치채지 못한다. 뇌가 맹점을 워낙 잘 처리하기 때문이다.

나는 원래 이런 맹점의 존재를 이론적으로는 잘 알고 있었지만, 우리 몸에 있는 수많은 오류와 한계의 하나로 여겼을 뿐 별로 흥미를 느끼지 않았다. 하지만 몇 년 전 라마찬드란 박사의 『두뇌 실험실』에 나온 맹점 실험을 따라하다가 정말 깜짝 놀랐다. 이를 기점으로 눈과 뇌에 대한 생각이 완전히 바뀌었다. 나에게 그보다 충격적인 실험은 없었다. 그리고 맹점 실험이 환각과 지각을 이해하는데 결정적인 실마리를 제공했으니, 이 책을 읽는 분도 맹점 실험만큼은 꼭 따라해주었으면 좋겠다.

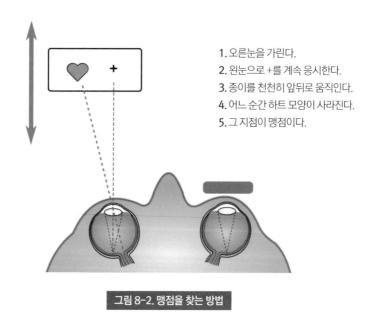

1. 오른눈을 가린다.
2. 왼눈으로 +를 계속 응시한다.
3. 종이를 천천히 앞뒤로 움직인다.
4. 어느 순간 하트 모양이 사라진다.
5. 그 지점이 맹점이다.

그림 8-2. 맹점을 찾는 방법

먼저 아래 그림을 가지고 맹점을 찾으면 나머지는 금방이다. 맹점을 찾는 방법은 오른쪽 눈을 가리고 왼쪽 눈으로 용지의 ✚ 표시를 계속 주시하는 것이다. 30cm 정도 떨어진 위치에서 시선을 ✚ 표에서 떼지 않고 용지를 천천히 가까이하다 보면 어느 순간 ♥ 모양이 사라질 것이다. 시선을 돌리면 ♥가 다시 나타나니 계속 ✚ 표시를 주시하는 것이 핵심이다. 이것만 성공하면 나머지는 자연히 된다. 그리고 맹점 실험을 따라 하다 보면 '본다는 것이 뭔지'에 대해서 지금과 전혀 다른 생각을 가질 수 있을 것이다. 꼭 직접 해보시기를 권한다.

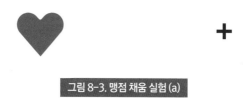

그림 8-3. 맹점 채움 실험 (a)

맹점은 자동으로 채워진다 ● ● ●

고작 맹점 실험 하나를 통해 지각의 원리를 이해할 수 있다는 것은 터무니없는 주장으로 느껴질 지도 모른다. 하지만 다음 실험은 맹점이 있다는 것을 확인하는 게 아니라 그 맹점이 어떻게 채워지는지를 알게 해준다. 다음 그림은 앞선 그림에서 배경색만 바꾼 것이다. 단순히 맹점이 정보가 없어서 안 보이는 것에 불과하다면 ♥가 사라지면서 그 부분이 비어 있어야 할 텐데 배경이 회색이면 회색으로 채워지고, 배경이 노란색이면 노란색으로 채워진다. 맹점이 시야에서 단순히 사라지는 것이 아니라 뭔가로 채워진다는 것을 아는 것이 중요하다.

그림 8-4. 맹점 채움 실험 (b)

아래 실험은 어찌 보면 맹점이 사라지는 것과 반대되는 현상이다. 맹점의 위치에는 아무 것도 없다. 그런데 앞선 실험과 같은 방식으로 맹점을 찾게 되면 상당히 놀라운 현상이 일어난다. 바로 선이 하나로 이어져 보이는 것이다. 맹점 부위에 분명 아무것도 없었는데 저절로 선이

그림 8-5. 맹점 채움 실험 (c)

감정이 어려워 정리해 보았습니다

이어져 하나의 선처럼 보이게 된다.

아래쪽 그림은 이런 현상을 좀 더 강력하게 보여준다. 존재하는 하트는 사라지고 존재하지 않는 선이 나타나 위와 동일한 그림처럼 보인다. 우리는 이것을 도대체 어떻게 해석해야 할까? 나에게 이 결과는 단순한 흥밋거리가 아니었다. 눈에 구조적 문제로 인해 맹점이 있다는 것을 확인하는 실험이었으면 지금까지 발견된 수많은 착시 중 하나 정도로 생각했을 텐데, 맹점의 자리가 채워지는 현상을 관찰하면서 본다는 것에 대한 나의 생각이 영원히 바뀌었다.

맹점 채움의 원리만 알면 그 사례는 무한대로 만들 수 있다. 다음 페이지 그림에서는 하트가 사라지면서 그 자리에 뭔가 글자가 나타난다. 하지만 구체적인 글자는 확인할 수 없다. 그 지점을 들여다보면 하트가 보이고 ✚에 시선을 고정해야 하트 자리에 글자가 나타난다.

그 아래의 그림은 어떻게 보일까? 이쯤이면 가운데 하트 부분이 어떻게 보일지 예측할 수 있을 것이다. 선이 다 이어져 보일 것이라고 예측했다면 이제는 맹점 채움을 충분히 이해한 것이다. 그리고 실제로 해보면 예측대로 될 것이다. 예측대로 된다는 것은 맹점이 아무렇게나 대충 채워지는 것이 아니며, 매우 논리적이고 정교하며 공통적인 기작에 의한 현상이라는 것을 알 수 있다.

캠릿브지 대학의 연결구과에 따르면,
한 단어 안에서 글자가 어떤 순서로
배되열어 있는가 ~~하것는~~ 중하요지 않고,
첫째번와 마지 ~~~~ 바른 위치에
있것는이 중하요 ~~~~.
나머지 글들자은 완선히 엉진망창의 순서로
되어 있을라도
당신은 아무 문없제이 이것을 읽을 수 있다.

그림 8-6. 맹점 채움 실험 (d)

망가진 철망은 어떨까? 맹점을 이용하면 정말 간단히 고칠 수 있다. 하지만 실제로 고쳐진 것이 아니니, 나를 기만하지 말고 망가진 그대로 보이게 하라고 아무리 뇌에게 명령해봐도 소용이 없다. 뇌에게 아무리 고장 난 부위를 가짜로 고치지 말라고 명령을 해봐도 나의 뇌는 나의 요구를 완전히 묵살한다. 뇌는 나의 의지와 무관하게 자신이 하던 패턴대로 맹점을 채운다. 이보다 강력하게 무의식이 무엇인지에 대한 실체를 보여주는 사례도 드문 것 같다.

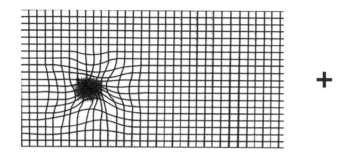

그림 8-7. 맹점 채움 실험 (e)

　지금까지 본 맹점 채움 현상은 맹점 부위에서 정보가 오지 않기 때문에 뇌가 그 부분을 합리적으로 채워준다고 이해할 수도 있다. 그런데 다음의 실험은 정말 나를 놀라게 했다. 맨눈으로 보면 맹점 주위의 선이 약간 어긋나게 그려져 있다. 자연히 맹점 위치가 되면 막대기가 연결되어 보일 것이라는 예측이 가능하다. 하지만 맹점 채움은 그 이상의 조작을 한다. 맹점 부위가 아니라 정상 부위의 자료까지 조작하여 선이 어긋나지 않고 온전한 모양으로 보이게 하는 것이다. 맹점을 논리적으로 채우기 위해 정상적인 신호마저 조작하여 그럴 듯한 이미지를 만드는 것이야말로 뇌에 대한 이해에 새로운 실마리를 제공한다. 우리 눈에는 정말 놀라운 채워 넣기와 보정의 장치가 들어 있는 것이다. 더구나 완전자동이라 자신의 의도와 전혀 관계없이 저절로 일어난다. 아무리 그렇게 조작을 하지 말라고 해도 소용이 없다. 뇌는 맹점을 우리가 도저히 알아챌 수 없는 너무나 빠른 순간에 맥락에 맞추어 자동적으로 채워 넣는다.

그림 8-8. 맹점 채움 실험 (f)

그림 8-9. 맹점 채움 실험 (g)

맹점 채움은 맹점 부위에만 한정된 기능이 아니다 ● ● ●

그런데 만약 이런 맹점 채움이 눈의 맹점 부위에서만 일어나는 것이

감정이 어려워 정리해 보았습니다   ● ● ● ● ● ● ● ● ●

아니고 눈 전체에서 일어나는 현상이라면 어찌될까? 나는 올리버 색스 Sacks, 1933~2015 가 본인이 겪은 맹점에 대해 쓴 경험담을 읽고 우리의 뇌는 단순히 맹점 부위에만 영상을 적당히 지어내는 것이 아니라 시각 전체에 대해서도 맹점 채움과 같은 일을 한다는 것을 알게 되었다. 시각은 단순히 세상을 거울에 비추듯이 있는 그대로 비춘 영상이 아니라 뇌가 그린 그림이라는 진실을 알게 된 것이다.

올리버 색스는 2015년 안암흑색종 이 재발하여 사망했다. 당시 많은 사람이 그를 '의학계의 계관 시인'이라 칭하며 추모했다. 그는 보통의 의사들이 공감하기 힘든 특별한 환자 수천 명과 직접 만나거나 편지로 교류했다. 그래서 뇌 과학자들이 가장 만나고 싶어한 의사이기도 했다. 그런 기록을 정리하여 『편두통』, 『깨어남』, 『나는 침대에서 내 다리를 주웠다』, 『아내를 모자로 착각한 남자』, 『화성의 인류학자』, 『뮤지코필리아』, 『마음의 눈』, 『환각』 같은 명저를 남겼다.

만약 눈에 기존에 없던 새로운 맹점이 생기거나, 맹점이 갑자기 2~3배 커지면 어떤 현상이 일어날까? 그 부분은 영원히 얼룩으로 남을까? 아니면 그곳에도 맹점 채움 현상이 일어날까? 맹점을 채우는 현상이 일어나려면 얼마나 시간이 걸려야 할까? 올리버 색스의 체험담에 그 질문에 대한 답이 담겨 있다. 2010년에 출간된 『마음의 눈』에는 그가 2005년 눈에 생긴 암을 치료하면서 경험한 거대한 맹점에 관한 이야기가 있다. 안암Eye cancer 을 수술하는 과정에서 눈의 맹점이 정상인보다 훨씬 커진 것이었다.

"붕대를 제거한 첫날 밤, 오른쪽 눈으로 아메바 같은 검은 얼룩^{맹점}을 보았다. 그런데 저녁에 천장을 올려다보았을 때 그 얼룩이 사라져버려서 깜짝 놀랐다. 정말로 사라졌나 싶어서 테스트했더니 아직 있었다. 단지 블랙홀^{맹점}이 천장의 색으로 바뀐 것이었다. 그런데도 구멍은 구멍이어서, 손가락을 움직여 맹점의 가장자리를 지나는 순간 손가락이 사라져버렸다. 정상적인 눈의 맹점이 아주 작다면 내 눈의 맹점은 거대해서 오른쪽 눈 시야의 절반 이상을 덮고 있다."

수술 후 안대를 풀고 하얀 천장을 보니 아침에는 얼룩^{불량화소}이 보였는데, 저녁에는 맹점 채움이 작동을 하여 천장을 보면 하얗게 보였다는 것이다. 불과 하루만이다. 맹점 채움이 원래부터 존재하는 기능이라는 강력한 힌트가 될 수 있는 정보다.

"다음날, 파란 하늘을 대상으로 이 현상을 실험했더니 같은 결과가 나왔다. 맹점이 하늘처럼 파란빛으로 바뀌었지만, 이번에는 그 가장자리를 손가락으로 짚어볼 필요가 없었다. 새떼가 맹점으로 들어오면서 사라졌다가 몇 초 뒤 다른 쪽에서 나타났기 때문이다."

불과 하루 만에 맹점을 채우는 기능이 발현되었지만, 새처럼 빠른 움직임에는 대응하지 못했다. 이처럼 맹점을 부정확하게 채워 넣는 것보다 있는 그대로 두는 것이 오히려 정직한 시각일 텐데 우리 뇌는 왜 굳이 얼룩으로 남기지 않고 마치 아무런 문제가 없는 것인 양 맹점을 채우려하는지를 이해하는 것도 뇌의 작용패턴을 이해하는데 좋은 단서가 된다.

"내 눈의 맹점이 어떤 힘과 한계가 있는지 실험하는 일은 재미있었다. 단순한 반복 무늬로 맹점을 채우는 일은 간단했다. 내 집무실의 양탄자부터 실험해보았다. 무늬는 색보다 시간이 조금 더 걸려서 10~15초간 응시해야 맹점이 채워진다. 채워지는 과정은 가장자리부터 시작되는데, 연못에 얼음이 어는 것과 같은 이치다. 무늬는 같은 간격으로 반복되어야 하며, 아주 세밀한 부분까지 동일해야 한다. 체스 판이나 벽지처럼 예상하기 쉬운 반복 무늬는 응시하기만 하면 동일하게 복제할 수 있다. 한번은 뭉게구름이 가득한 하늘을 바라보았더니, 맹점 안에 가늘고 성긴 구름이 떠 있는 '사이비' 하늘이 떠올랐다. 시각피질이 개별 구름의 형태를 실제 모양 그대로 만들어내지는 못한다 해도, 최선을 다하는 것으로 느껴진다."

뇌는 예측하기 쉬운 무늬는 쉽게 맹점을 채우고, 어려운 것도 나름 최선을 다해 채워 넣는다. 심지어 고정된 색과 무늬뿐 아니라 예측할 수 있는 것이면 움직임마저 채워 넣었다. 보통 사람에게는 맹점이 워낙 작아 올리버 색스의 경험과 같은 맹점 채움은 경험할 수 없지만, 반대로 어떤 사람은 시각의 절반을 차지할 정도로 거대한 맹점을 가진 사람도 있다. 올리버 색스의 『환각』이라는 책에 등장하는 고든 H 씨 같은 사례이다.

시각의 절반에 걸친 맹점 채움도 있다 ● ● ·

고든 H 씨는 오랫동안 녹내장과 황반변성을 앓았다. 그런데 우측 측두엽에 작은 뇌졸중이 일어나면서 정신은 멀쩡하지만 좌측반맹을 얻었다. 시각의 절반인 좌측을 전혀 보지 못하는 현상인데, 특이한 것은 뇌가 손실된 절반을 맹점을 채우듯이 채워 넣어서 절반의 시력이 상실되었다는 것을 잘 의식하지 못했다고 한다. 예를 들어 시골 지역을 걸을 때면 오른쪽과 왼쪽 모두 시골의 풍경이 보이는데, 고장 난 왼쪽 시야에 수풀과 나무가 보여서 몸을 돌려 오른눈으로 그 부분을 보면 사라지는 식이었다. 오른쪽 시야에 들어온 정보를 가지고 왼쪽도 적당히 시골의 풍경처럼 뇌가 그려 넣은 엉터리 시야였다.

부엌을 볼 때도 처음에는 전체가 자연스럽게 보이지만 엉터리가 섞여 있다. 왼쪽 시야에 식탁이 보이고 그 위에 접시가 놓인 것이 보이는데 고개를 돌려 오른눈으로 그곳을 쳐다보면 접시가 사라지는 식이다. 오른 시야에 들어온 식탁의 절반을 보고 평소에 알고 있는 대로 자연스럽게 식탁을 왼쪽까지 그려 넣었는데, 직접 본 것이 아니고 뇌가 그린 것이라 식탁위에 접시까지 자연스럽게 그려 넣은 것이다. 그런데 실제로는 없는 것이라 정상적인 오른눈으로 보면 사라진다. 반대로 접시가 있는데 식탁만 있는 것처럼 보이다가 오른눈으로 직접 보면 접시가 나타난다.

여기에서 생각해볼 또 하나의 핵심적인 정보는 맹점 채움을 통해 그려 놓은 식탁과 접시가 너무나 사실적이라는 것이다. 눈앞에 존재하지 않는 접시를 상상하는 것은 정말 힘들다. 눈을 뜨고 접시가 없는 식탁을 보면서 식탁 위에 실제와 똑같아 보이는 접시를 상상하는 것은 불가능하다. 그런데 맹점을 채울 때 사용되는 환각 능력은 너무나 쉽게 현실과 도저히 구분할 수 없이 똑같은 접시를 그려 넣을 수 있다는 것이다. 실제로 있는 것과 너무나 똑같아 도저히 구분할 수 없는 접시의 영상을 너무나 쉽게 추가할 수 있다. 단지 이런 것은 우리의 의지로는 통제가 불가능하고 뇌의 뜻대로만 가능하다. 이런 환각은 시각뿐 아니라 환청, 환통, 환후, 환미 등 모든 감각에 발생할 수 있고, 환각은 실제와 전혀 구분이 되지 않는다. 우리는 이처럼 실로 막대한 환각 능력을 가지고 있지만, 평생 동안 단 한 번도 우리의 의지대로 마음껏 써보지 못하고 생을 마감한다.

꿈도 사진으로 촬영할 수 있을까? ● ● ●

우리 대부분은 맨정신에 환각을 경험할 기회가 없으므로 환각이 얼마나 현실과 구분하기 힘든지 알기 어렵다. 그런데 꿈을 통하면 환각의 능력을 간접적으로 경험해볼 수 있다. 우리는 꿈을 꾸고 있을 때는 그 것이 꿈인지 현실인지 구분하지 못한다. 꿈에 등장하는 화면들이 너무 나 현실적이기 때문이다. 영원히 꿈을 꾼다면 꿈이 현실인 것이다. 사 실 모든 인간은 잠잘 때마다 꿈을 꾼다. 단지 나이가 들면서 점점 꿈을 기억하지 못할 뿐이다.

옛날에는 해몽 즉, 꿈의 의미를 해석하려는 노력을 정말 많이 했다. 지금은 꿈의 해석이 부질없는 짓이라는 것을 알기 때문에 거의 사라졌 지만, 꿈이라는 현상과 꿈의 생물학적 역할에 대한 과학적 호기심은 여 전히 남아 있다. 그래서 꿈을 영상으로 찍으려고도 한다.

수면은 여러 단계로 진행된다. 그 중에 렘REM, Rapid eye movement; 급속 안구 운 동수면은 안구의 빠른 운동이 특징인 수면의 단계다. 성인 전체 수면 시 간의 약 20~25%90~120분를 차지하며, 이때 뇌의 신경활동은 깨어있을 때와 상당히 유사하다. 그래서 눈으로 보는 듯한 선명한 꿈을 꾼다. 렘 수면 도중 즉, 활발하게 눈동자가 움직이는 순간에 강제로 잠을 깨우면 매우 생생하게 꿈 이야기를 한다. 이렇게 꿈을 꾸는 동안에는 눈을 통 한 시각 정보의 유입만 없을 뿐 뇌의 시각 영역은 눈으로 볼 때와 똑같 이 활성화된다. 그래서 꿈을 영상으로 찍으려는 시도가 가능한 것이다.

2011년 캘리포니아 대학 신경과학과 잭 갤런트 버클리 교수는 기 능성자기공명영상장치fMRI로 마음의 사진으로 찍는 데 성공했다. 실험 자에게 짧은 영화를 보여주고 그들이 무슨 영화를 봤는지 뇌 활동만을 분석해 알아내는데 성공한 것이다. 실험 원리는 간단하다. 먼저 영화 영상을 보여주면서 fMRI로 실험 참가자의 뇌 활동을 측정하여 데이터

베이스를 구축한다. 충분한 자료가 쌓이면 임의의 영화를 보여주면서 시각피질 활동을 측정하여 기존에 축적한 데이터를 바탕으로 그들이 지금 어떤 영상을 보고 있는지 알아내는 것이다. 시각피질의 뇌 활동만 측정하고도 그가 무엇을 보고 있는지 알아낼 수 있다. 물론 아직은 자극으로 제시한 영상과 뇌를 측정해 재현한 영상의 선명도 차이가 크지만, 이론적으로는 fMRI의 성능만 대폭 향상되면 뇌를 촬영하는 것만으로 눈으로 무엇을 보고 있는 것인지를 재현할 수 있는 것이다.

이 기술을 이용하면 앞으로는 꿈도 영상으로 찍을 수 있다. 우리가 자는 동안 뇌를 측정하여 무슨 꿈을 꾸고 있는지 동영상으로 남기는 것도 가능해지는 것이다. 심지어 환각마저 촬영이 가능해진다. 환각은 '존재하지 않는 것을 보는' 현상이다. 환각은 깨어 있는 상태에서 꿈을 꾸는 것과 같다. 런던의 도미니크 피체 연구팀은 수십 명의 대상자에게 얻은 상세한 자료를 기초로 환각을 분류하고, 환각이 일어나는 동안 그들의 뇌를 정밀하게 촬영하여 환각과 시각이 뚜렷이 일치하는 성향을 관찰했다. 그 결과 얼굴 환각, 색 환각, 사물 환각은 저마다 해당 뇌 영역을 활성화시켰다. 환각은 꿈이나 시각과 다르지 않다는 것을 밝혀낸 것이다. 우리는 시각 시스템을 이용해 보이는 대로 본다. 단지 존재하지 않는 것을 볼 뿐이다.

환각이 상상과 다른 점은 너무나 사실적이고 선명하다는 데 있다. 오히려 너무 지나치게 생생하고 세부적인 디테일까지 살아 있어서 현실과 다르다고 느낀다. 자면서 보는 환각은 꿈이고, 눈뜨고 맨정신에 보이는 꿈이 환각이다. 이때의 뇌를 촬영하면 환각도 영상으로 기록 가능한 것이다.

시각 즉, 영상을 보여주면서 뇌의 변화를 찍은 데이터베이스를 바탕으로 꿈이나 환각을 찍겠다는 시도에는 결정적인 전제조건이 있다. 눈으로 볼 때와 꿈을 꿀 때 그리고 환각을 볼 때의 뇌의 작동 방식이 같아야 한다는 것이다. 만약에 눈으로 볼 때와 꿈을 꿀 때 작동하는 뇌의 부위와 형태가 다르다면 꿈이나 환각을 찍는다는 것은 전혀 의미 없는 시도이다. 그런데 이미 같다는 것은 밝혀져 있다. 시각과 꿈과 환각은 뇌의 동일한 부분에서 동일한 기작으로 펼쳐진다. 단지 추가적으로 연결된 회로가 다른 것이다. 어떻게 동일한 시각 시스템으로 사물도 보고 꿈도 꾸고 경우에 따라서는 환각도 볼 수 있는 것일까? 그런 시각의 원리를 알면 시각에 대해 지금과 전혀 다른 시각을 가질 수 있고 지각의

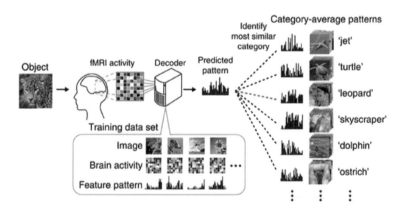

Tomoyasu Horikawa & Yukiyasu Kamitani Nature
Communications volume 8, Article number: 15037 (2017)

그림 8-10. 뇌를 촬영하여 마음을 촬영하는 방법

원리에 대한 힌트도 바로 얻을 수 있다.

뇌의 V1 영역이 시각의 시작이고 끝이다 ● ● ● ●

눈의 망막Retina에는 1억 개가 넘는 시각세포가 있고, 시각세포는 빛에 반응해서 그 정보를 시상의 외측슬상핵LGN을 경유해 뇌의 뒤쪽에 있는 V1 영역에 전달한다. 그것이 시각의 시작이다. 그리고 여러 모듈과 경로를 거치면서 눈앞에 펼쳐진 영상을 이해할 수 있게 된다. 내가 여기에서 말하고 싶은 것은 각각 모듈의 세부적인 기능이 아니라 되먹임 회로이다. 우리는 보통 감각의 결과가 점점 뇌의 상위 체계로 전달되면서 지각이 이루어지는 단방향의 흐름으로 생각한다. 하지만 뇌는 결코 단방향으로 작동하지 않는다. 대부분 피드백이 피드백으로 연결된 쌍방향 되먹임 구조로 작동한다.

　1억 개가 넘는 시각세포가 감각한 정보는 100만 개의 신호로 통합되어 뇌에 들어가는 과정에서 이미 1차적으로 가공되고, 시각의 중계 기인 LGN에는 눈에서 온 100만 화소에 뇌에서 보내온 400~900만 화소가 추가되어 1차 시각피질인 V1 영역에 500~1,000만 화소의 정보가 투사된다. 시각이 눈에서 온 정보보다 4~10배나 많은 뇌에서 온 정보와 혼합되어 시작되는 것이다. 이것이 시각, 환각, 꿈을 이해하는 핵심 중 핵심이다. 사실 눈에서 오는 신호는 고작 10~20%이고, 나머지 80~90%는 뇌에서 만든 신호를 바탕으로 시각이 시작된다는 것은 쉽

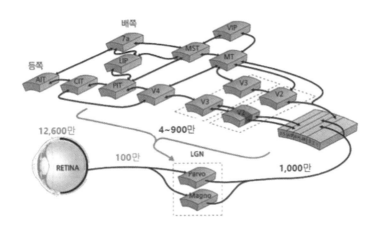

배쪽
7a
VIP
MST
LIP
MT
등쪽
AIT
CIT
PIT
V4
V3
V3
V2
12,600만
4~900만
100만
LGN
1,000만
RETINA
Parvo
Magno

그림 8-11. 눈의 구조와 시각경로

게 납득하기 힘든 일이다. 1억 2천만 화소의 정보를 압축하여 100만으로 줄였는데, 거기에 10~20% 정도의 보정 정보를 추가하는 것이 아니라, 반대로 뇌에서 만든 시각 정보에 눈에서 온 정보를 10~20% 혼합하는 형태이니 말이다. 그런데 이것이 실수나 우연이 아니고 필연적인 것이라는 사실을 이해하면 시각에 대한 전혀 새로운 시각을 가질 수 있고, 꿈과 환각 그리고 착시마저 통째로 이해할 수 있게 된다.

우리의 시각은 초고도의 이미지 처리의 결과물이다 ● ● ●

본다는 것은 단순히 거울처럼 현실을 비추는 게 아니라 뇌가 이해하기 편하도록 고도의 보정을 거친 조작물이다. 대표적인 것이 세상을 입체적으로 보는 것이다. 세상이 입체이기 때문에 우리도 눈을 통해 입체로 보는 것이 너무나 당연하다고 여기지만 이는 사실이 아니다. 우리 눈의 센서는 카메라의 센서처럼 평면적으로 배치되어 있기 때문에 원래는 사진처럼 평면적으로 보여야 정상이다. 그럼에도 입체로 보이는 것은 시각 시스템이 고도로 작업한 결과물이다.

우리는 두 눈으로 보지만 보이는 부분의 3/4이 겹친다. 한눈으로 보는 것과 비교했을 때 가시면적은 별로 늘지 않는 비효율적 구조다. 하지만 이런 시야의 겹침이 입체감공간감, 거리감 의 산출에 절대적인 요소이다. 입체감을 위해서는 좌우 눈이 동조하여 거리감을 측정해야 한다. 그리고 기억과 연산된 결과에 따라 망막에 비친 2차원적인 정보를 입체적인 영상으로 처리한다. 우리 눈은 넓은 시야 대신 아주 정밀한 거리감각을 선택한 것이다.

움직임이 입체감을 만든다는 힌트는 페이스북 등에 등장하는 소위 입체 사진을 잘 관찰해보면 알 수 있다. 똑같은 스마트폰에 등장하는 2차원적인 사진이지만, 스마트폰의 움직임에 변화가 없는 사진과 움직임에 따라 가까이 있는 것과 멀리 있는 것의 움직임이 달라지는 사진은 입체감이 완전히 다른 사진으로 보인다. 그런 사진은 움직이지 않고 가만히 두면 평면 사진으로 느껴진다.

정확한 입체감을 계산하기 위해 우리의 눈동자는 쉴 틈 없이 움직인다. 심지어 한 점을 응시할 때도 눈동자는 이른바 '단속적 움직임'이라는 짧고도 재빠른 움직임을 계속한다. 그럼에도 우리는 우리 눈동자가 그렇게 심하게 움직이는지 알지 못한다. 우리가 보는 것은 뇌가 완벽하게 보정하여 만든 그림이기 때문이다. 눈을 통해 뇌에 전달되는 영상은 단편 사진의 연속이지 끊임없는 동영상이 아니다. 사실 우리의 모든 신경 전달은 펄스의 형태로 끊어져 전달된다. 단지 뇌가 그 중간을 적당히 '채워 넣기 fill-in' 때문에 연속된 동작으로 보이는 것이다. 만약 이 채워 넣기 장치가 고장 나면 우리는 사이키 조명에서 사람이 움직이는 형태를 보는 것처럼 움직임이 툭툭 끊어지는 영상을 보게 된다. 이것 말고도 시각이 눈동자에 비친 영상 그대로가 아니라 무수히 보정을 거친 조작의 결과물이라는 증거는 너무나 많다.

핵심은 시각 시스템은 위대한 환각 장치라는 것이다. 우리의 시각 시스템은 눈에서 오는 100만 화소에 불과한 시각 정보가 없어도 뇌에서 오는 900~1,000만 화소의 정보를 가지고 언제든지 현실보다 생생한 영상환각을 만들 수 있다. 단지 우리가 깨어있을 때는 그런 식으로 사용하지 못하다가 꿈을 꿀 때나 어느 정도 이용하는 것이다. 시각은 눈에 들어온 정보를 바탕으로 환각 시스템이 현실을 그대로 재현한 것이고, 꿈은 의식맥락의 개입 없이 자유롭게 펼쳐지는 환각이다. 그리고 환각은 의식이 있는 상태에서 시각 정보현실의 통제를 받지 않고 제멋대로 펼쳐지는 영상이다. 우리의 뇌와 유전자는 생존과 번식이 목적이지 인간을 즐겁게 해주는 것이 아니다. 그래서 생존에 도움이 되지 않는 환각은 철저하게 억제한다. 그러다 보니 환각은 감각이 박탈되거나, 늙거나, 아프거나, 마약 같은 약물로 환각을 억제하는 시스템이 제대로 작동하지 못할 때나 출현한다.

시각은 뇌가 만든 것, 눈앞에 펼쳐진 장면은 눈에 들어온 영상을 거울처럼 비춘 것이 아니라 뇌가 하나하나 일일이 그린 그림이라는 것만 확실히 이해해도 시각에 대한 완전히 새로운 관점을 가질 수 있다. 그러면 정말 의미 있는 질문이 시작된다. 그런데 시각이 뇌가 그린 그림이라는 것을 말로는 받아들일 수 있어도 진실로 믿기는 쉽지 않다. 만약에 진실로 믿을 정도면 앞서 입체감은 두 눈을 움직이면서 받아들인 정보의 차이로 계산한다고 했는데 왜 한눈을 감아도 입체감이 전혀 사라지지 않는지에 대해 미치도록 궁금해야 한다. 신경과학자 수전 배리가 쓴 『3차원의 기적』을 보면 두 눈이 멀쩡하지만 사시로 태어나 평생 세상을 2차원으로 보는 평면시로 살다가 적절한 치료와 훈련을 통해 입체적으로 보게 되었을 때의 기적과 같은 감동이 잘 묘사되어 있다.

이렇게 시각의 작동 원리를 생물학적인 증거를 통해 하나하나 알아가다 보면, 우리의 뇌가 불완전한 감각으로도 세상을 온전하게 이해하기 위해 얼마나 노력하는지 알 수 있다. 그리고 결정적인 질문에 도달하게 된다. 도대체 왜 그런 되먹임 구조의 환각 장치를 만들어 의미 없는 꿈을 꾸게 만들고, 수많은 착시와 존재하지 않는 것을 보는 환각이 일어날 수 있게 했느냐는 것이다. 처음부터 착시나 환각이 불가능한 장치로 설계했으면 훨씬 생존에 유리했을 것 같은데, 도대체 왜 우리의 시각 시스템은 그렇게 설계되었을까?

2.
후각과 청각도
그런 식으로 작동한다

모든 감각에 맹점 채우기와 환각이 있다 ● ● ●

시각의 원리는 청각 즉, 소리를 어떻게 지각하는지에도 그대로 적용된다. 청각에도 예측과 맹점 채움이 있는 것이다. 예를 들어 다음의 문장을 읽을 때 *부분을 빼고 발음하면 문맥에 따라 다르게 듣게 된다.

"The *eel was on the orange"라고 들려주면 *eel을 'peel'로 듣고,
"The *eel was on the shoe"라고 들려주면 *eel 을 'heel'로 듣는다.

만약 소리를 있는 그대로 있는 듣는다면 'eel'이라고 들어야 맞다. 하지만 우리는 문맥에 따라 없는 소리도

만들어 넣고 듣는다. *eel은 orange나 shoe보다 나중에 등장하는 단어지만 그 단어를 이용하여 앞서 들은 eel을 적합한 단어로 채워 넣어 듣는다. 우리는 나중에 들은 소리로 앞에 들은 소리를 채워 넣었지만 청각에 그런 기능이 있다는 것조차 잘 모른다. 그런 청각의 흉내 내기 시스템이 있으니 환청도 있다. 우리가 듣는 소리도 귀에 전달된 주파수가 아니라 그런 주파수 신호를 바탕으로 뇌가 만든 소리이기 때문에 환청과 실제 소리는 아무 차이가 없다. 그래서 환청은 가장 고약한 환각이기도 하다.

이런 환각은 미각과 후각에도 있다. '입맛이 씁쓸하다'는 문학적 표현만이 아니다. 실제로 컨디션에 따라 혀에 존재하지 않는 쓴맛을 감각할 수 있다. 그리고 후각에도 환후가 있다. 우리는 냄새를 상상하는 능력이 너무나 약하다. 거의 없다고도 할 수 있다. 우리는 어떤 장면시각이나 소리청각를 상상하는 것은 가능하지만, 냄새후각는 거의 상상해 내지 못한다. 하지만 분명히 환후도 있다. 다음은 『환각』의 고든 C 씨가 고백하는 환후 증세이다.

"눈앞에 없는 물건의 냄새를 맡는 것은 내 삶의 일부였다. 예를 들어 오래전에 돌아가신 할머니를 생각하고 있으면, 할머니가 애용하던 분가루 냄새가 즉시 나의 감각 기관에 완벽하게 되살아났다. 누군가에게 라일락이나 특정한 꽃에 대해 편지를 쓸 때 나의 후각은 어느덧 그 향기를 만들어낸다. 그렇다고 해서 '장미'라는 단어를 쓰면 그 향기가 난다는 말은 아니다. 장미든 무엇이든, 그와 연관된 구체적인 사건을 회상해야 그런 효과가 일어난다. 나는 이런 능력을 아주 당연하게 여겼는데 10대 후반이 되어서야 그것이 모두에게 있는 정상적인 능력이 아님을 알게 되었다."

고든 C 씨의 경우는 공감각 형태의 환후였지만, 질병이나 특별한 문제로 일시적인 환후 능력이 드러나는 경우도 있다. 이 역시 『환각』에 등장하는 로라 H 씨의 사례다.

"한밤중에 전기화재 냄새가 나는 것 같아 잠에서 깨어 주방을 둘러보았지만 화재의 흔적은 어디에도 없었다. 로라는 남편을 깨웠고 남편은 아무 냄새도 맡지 못했지만 그녀는 계속해서 심한 연기 냄새를 맡았다. '난 충격에 빠졌어요. 실제로 존재하지 않는 냄새가 그렇게 강하게 날 수 있다니요."

이처럼 환후도 환시만큼 생생하다. 그냥 스쳐 지나가는 냄새처럼 희미한 것이 아니라 반드시 냄새의 원인이 있다고 확신할 정도로 생생하게 느껴진다.

왜 모든 감각이 그런 식으로 작동할까? ● ● ●

환각은 시각, 청각, 미각, 후각뿐 아니라 촉각 등 모든 감각에 있다.

> "두 번이나 머리 위로 물이 떨어져서 천장을 쳐다보았으나 아무
> 것도 없었습니다. 머리에 물방울이 없다는 걸 확인했는데 다시
> 머리 위로 물방울이 떨어지네요. 이 글을 쓰는 지금도 다리 쪽에
> 한 방울 떨어지네요. 천장도 멀쩡하고 다른 기기에 물방울 흔적
> 도 없는데 어찌된 걸까요?"

이런 경험을 하는 사람은 많지 않겠지만 환촉은 분명 존재한다. 스마트폰을 항상 진동모드로 바지 앞주머니에 넣어두면 가끔 전화가 오지 않았는데 진동이 느껴지기도 하고, 심지어 앞주머니에 스마트폰을 넣지 않아도 진동이 느껴지고는 한다. 이처럼 환각은 여러 부작용이 있는데, 우리의 뇌가 우리를 곤란에 빠트릴 목적으로 환각을 만드는 장치를 만들었을 리는 없다. 뇌에서 핵심적인 역할을 하는 기능의 우연한 부작용이라고 하는 것이 논리적이다. 사실 나는 이런 환각 장치야말로 지각과 감정의 비밀을 푸는 결정적인 힌트라고 생각한다. 바로 『감각, 착각, 환각』의 주제인 '미러뉴런 매칭 시스템'이다.

우리의 뇌에는 작은 난쟁이 같은 의식지각 기관이 따로 있지 않다. 그저 860억 개 신경세포의 엄청난 네트워크만 있을 뿐이다. 결국 뇌 안에 특별한 의식기관이 없는데 어떻게 세상을 지각할 수 있는지 아는 것이

뇌를 통합적으로 이해하는 것의 시작인데, 지금까지 아무도 그 비밀을 속 시원히 말해준 적이 없었다. 나는 시각 시스템에서 알아본 거대한 되먹임 네트워크가 환각의 비밀이며, 이 환각 장치를 통해 감각의 정보를 그대로 따라 재현해 보는 것이야말로 지각의 원리라고 생각한다.

따라하기의 핵심인 미러뉴런은 이탈리아의 자코모 리촐라티 Giacomo Rizzolatti 와 동료 학자들이 발견했다. 그들은 짧은꼬리원숭이가 손으로 물체를 잡거나 다룰 때 사용하는 신경을 연구 중이었다. 원숭이의 '이마아래겉질 Inferior frontal cortex '에 전극을 설치하여 신호의 변화를 관찰하는 것이었는데, 그 과정에서 놀라운 것을 발견했다. 손의 움직임을 제어하는 신경이 자신의 손을 움직일 때뿐만 아니라 다른 원숭이나 사람의 손이 움직이는 것을 볼 때도 반응하는 것을 발견한 것이다. 남의 동작을 보고만 있어도 마치 자신이 동작을 할 때와 거울에 비추듯이 똑같이 반응하는 미러뉴런의 발견을 두고 라마찬드란 박사는 'DNA 이후 가장 중요한 발견'이라고 극찬했다. 도대체 미러뉴런이 무슨 의미가 있기에 이렇게 높게 평가할까?

인간은 실로 흉내 내기 챔피언이다. 다른 동물도 어느 정도의 흉내 내기는 가능하지만, 인간의 흉내 내기에 견줄 만한 상대는 어디에도 없다. 갓난아이는 누가 웃으면 따라 웃는다. 커서도 누가 옆에서 하품할 때면 같이 하품을 한다. 이런 사소해 보이는 흉내 내기가 사실은 학습과 지각의 가장 기본적인 행위이다. 따라할 줄 안다는 것은 알았다는 의미이다.

우리가 무언가를 봤다는 것은 눈을 통해 들어온 정보를 참고하여 뇌

감정이 어려워 정리해 보았습니다 · · · · · · · ·

가 한 땀 한 땀 그렸다는 뜻이다. 뇌에서 시각이 시작되는 V1에 맺힌 영상은 단순히 망막을 비친 영상이 투사된 것이 아니고 감각의 결과를 참고하여 뇌가 일일이 그린 그림이다. 만약 눈에 비친 그대로인 영상과 그것을 바탕으로 뇌가 그린 그림이 따로 있었다면 우리는 진즉에 뇌가 세상을 어떻게 보고 지각하는지 알았을 텐데, 한군데에 혼합되어 존재하는 바람에 꿈과 환각 그리고 지각의 원리를 그렇게 오랫동안 눈치채지 못한 것이다.

우리의 뇌는 V1 영역에 무제한의 온갖 그림을 그릴 수 있지만, 깨어 있는 상태에서는 눈을 통해 보이는 세상을 그대로 묘사하는 작업만 한다. 현실과 일치하지 않는 환각은 철저하게 억제되는 것이다. 그렇게 세상을 그대로 따라 그리면서 세상을 이해한다.

따라 할 수 있는 만큼 이해할 수 있고 구분할 수 있다 ● ● ●

나는 모든 감각에 환각이 있는 것에서 결국 뇌는 거대한 미러뉴런 매칭 시스템이고, 모든 감각은 최종적으로 뇌에서 그대로 따라하며 재구성하면서 내용을 이해한다는 확신을 얻었다. 그리고 우리가 여러 가지 재료를 섞은 요리에서 어떻게 개별적인 재료의 맛과 전체적인 맛을 구별할 수 있는지에 대한 답도 얻었고, '맛은 입과 코로 듣는 음악이다'라는 내 나름의 정의도 내렸다. 우리가 맛을 본다는 것은 음식물의 분자가 미각과 후각 수용체를 자극하고 음악은 파장이 귀의 청각 수용체를 자극한다는 것을 제외하면 나머지는 같기 때문이다.

모든 음악소리은 파동으로 기록할 수 있다. 독창도 있고 합창도 있으며 4중주도 있고 대규모 관현악단도 있다. 그래봐야 모두 단 한 줄로 이어진 파동으로 저장 가능하다. 악기가 많이 등장할수록 파장의 패턴이 복잡해질 뿐이다. 우리 눈으로 아무리 음악의 파형을 본다고 해도 그것이 사람 목소리인지 악기 소리인지 구분하지 못하고, 몇 명이 부른 것인지조차 알지 못한다. 그런데 스피커로 그 파동을 재생하면 쉽게 구분이 가능하다. 지휘자는 수많은 연주자의 사소한 실수마저 금방 알아챈다.

맛과 향을 느끼는 것도 이와 같은 원리다. 딸기 향 성분이 따로 있고 사과 향 성분이 따로 있는 것이 아니다. 모든 파장이 섞인 스피커의 소리에서 전체적 소리를 듣고 각각 악기의 소리를 따로 들을 수 있는 것처럼, 우리는 전체 맛을 느끼면서 딸기 향과 사과 향을 따로 구분해 느낄 수도 있다. 음식이 주는 자극에서 뇌가 딸기의 냄새를 재현하고 사과의 냄새를 재현할 수 있으면 그것을 구분할 수 있는 것이고, 오케스트라에서 바이올린 소리를 재현하고 피아노 소리를 재현하면 구분할 수 있는 것이다.

우리의 뇌 자체가 거대한 미러뉴런 매칭 시스템처럼 작용한다고 정의하면 이해되는 것이 정말 많다. 뇌가 어떤 장면이나 행동을 이해하는 것은 뇌 안에 작은 난쟁이의식기관가 있어서 영상을 지켜보면서 이해하는 것이 아니라 감각에 들어온 정보를 바탕으로 뇌가 그대로 재현해 보면서 과거의 경험과 비교할 수 있기 때문이다. 우리가 보는 것은 결국 뇌가 그린 그림이다. 뇌는 시각 정보를 이용해 형태를 그리고, 색도 칠하고, 입체감도 만든다. 뇌가 지금 눈앞에 펼쳐진 것과 무관하게 그림을 그리면 환각이고, 엉터리로 그리면 착각이다. 색을 칠하지 않으면 세상은 흑백이 되고, 입체감을 반영하지 않으면 세상은 2D가 된다. V1은 시각의 시작일 뿐 아니라 모든 시각의 모듈이 작동하여 가장 그럴듯하게 현실을 재창조한 시각의 최종 결과물이기도 한 것이다.

　카메라는 영상을 찍기는 하지만 의미는 전혀 모른다. 따라 하기 시스템이 없기 때문이다. 우리의 뇌에는 감각을 토대로 감각과 일치하는 영상을 만들 수 있는 환각 시스템이 있기 때문에 세상을 이해할 수 있고, 그 장치를 이용해 꿈도 꾸고, 환각도 경험할 수 있는 것이다. 그래서 심지어 생각도 촬영할 수 있다고 믿는다. 그런 장치가 없으면 우리는 보고도 뭘 본지 모르고, 맛을 보고도 뭘 맛본 것인지 모르게 된다.

그래서 착시는 알고도 벗어날 수 없다 ● ● ●

구글 이미지 검색에서 착시 Optical illusion 를 검색하면 정말 다양한 착시 현상을 볼 수 있다. 그중 '에빙하우스 착시 Ebbinghaus illusion '는 크기가 동일한 두 개의 원이 주변의 환경에 따라 크기가 달라 보이는 것을 보여주는 착시다. 완전히 동일한 크기의 원인데도 큰 원에 둘러싸인 것이 작은 원에 둘러싸인 것보다 30% 정도 작게 보인다. 이것의 원리를 말로만 설명한다면 지각이 언제나 주변의 맥락에 의존하여 상대적으로 해

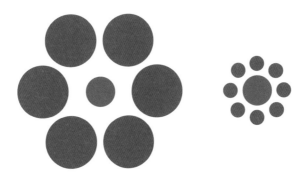

석한다고 할 것이다. 그럴듯하지만 별로 임팩트는 없다.

그런데 생물학적인 증거를 찾아보면 전혀 다른 의미가 등장한다. 시각이 시작되는 V1 영역에서 상황에 따른 빨간 원의 크기를 측정해보는 것이다. 빨간 원의 크기는 완벽하게 동일하기 때문에 동일한 크기의 원이 V1에 찍히고, 이후 고차원적인 시각의 처리 영역에서 주변의 상황을 감안하여 큰 원에 둘러싸인 것을 작게 의식하고, 작은 원에 둘러싸인 것은 크게 의식하면 쉬울 것이다. 하지만 실제로는 V1에 맺힌 상의 크기 자체가 맥락에 따라 다르다. V1이 시각의 시작인데, 시작부터 이미 상황에 따라 적절하게 조작된 영상으로 인식되는 것이다. 정말 당혹스러운 사실이지만 우리는 이것을 통해 최소한 착시인 것을 알고서도 착시에서 벗어날 수 없는 이유는 알 수 있게 된다. 그리고 이런 착시는 뇌에 정착된 공통의 회로에 따라 자동으로 일어난 것이라 모든 사람에게 동일하게 일어난다. 이런 착시는 우연한 실수가 아닌, 선천적이고 숙명적인 것이다.

맛에 있어서도 똑같다. 2001년 보르도 대학의 프레데릭 브로세는 동일한 중등품 와인을 두 개의 다른 병에 담아 내놓았다. 병 하나는 고급 브랜드, 하나는 평범한 브랜드였다. 그런 후 와인 전문가에게 맛을 보게 하자 두 와인을 전혀 다른 것으로 평가했다. 고급 브랜드처럼 포장한 것은 "맛이 좋고, 좋은 오크 향이 느껴지며, 복잡 미묘한 여러 가지 맛이 조화롭게 균형 잡혀 있고, 부드럽게 잘 넘어 간다"는 평을 받은 반면, 평범한 포장을 한 것은 "향이 약하고 빨리 달아나며, 도수가 낮고, 밍밍하며, 맛이 갔다"는 평가를 받았다.

이런 것을 보면 보통은 뇌가 맛 정보와 가격 정보를 따로 따로 받아들인 후 맛에 가격 정보를 반영해 비싼 것이 더 맛있다고 해석하는 것이라고 생각하기 쉽지만 이는 사실이 아니다. 뇌는 끊임없이 와인에 대한 정보를 탐색하고 예측한다. 뇌는 맛의 정보보다 가격 정보를 먼저 입수하여 그것을 바탕으로 이미 맛에 대한 판단예측을 한 상태이고, 그 예측을 바탕으로 입과 코를 개조한다. 비싼 와인은 맛있고, 싼 와인은 맛이 덜하다고 느껴지도록 감각 시스템 자체를 바꾸는 것이다. 에빙하우스 착시와 정확히 똑같은 현상이다. 쉽게 믿기지 않겠지만 뇌 과학은 이미 맛이 그런 식으로 작동한다는 것을 밝힌 바 있다. 결국 착시나 선입견 같은 것은 마음이나 의지의 문제가 아니라 하드웨어 즉, 뇌의 배선의 문제이다. 그러니 그것에서 벗어나기가 쉽지 않다.

지금까지 세상을 보는 뇌와 꿈꾸는 뇌, 심지어 환각을 보는 뇌가 전혀 다르지 않다고 설명했는데, 이성의 뇌와 감정의 뇌 역시 따로 있

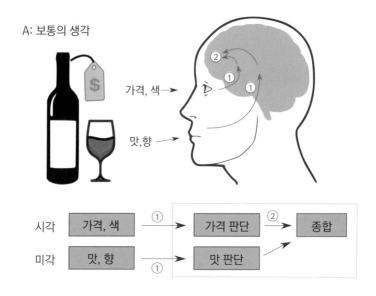

A: 보통의 생각

가격, 색 →

맛,향 →

시각	가격, 색	① →	가격 판단	② →	종합
미각	맛, 향	①	맛 판단		

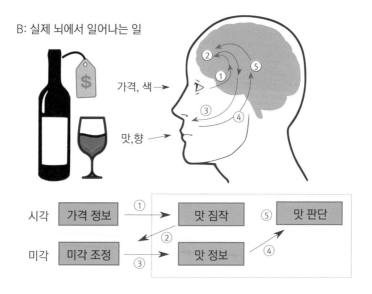

B: 실제 뇌에서 일어나는 일

가격, 색 →

맛,향 →

시각	가격 정보	① →	맛 짐작	⑤	맛 판단
미각	미각 조정	② / ③ →	맛 정보	④ →	

그림 8-13. 정보가 감각에 미치는 영향

감정이 어려워 정리해 보았습니다 • • • • • • • • •

지 않다. 우리는 복잡하게 상호 연결된 신경세포를 가진 단 하나의 뇌를 통해 세상을 지각하고 감정도 만든다. 따라서 뇌의 생물학적 특성을 제대로 이해하는 것이 감정을 제대로 힘 있게 이해하는 바탕이 될 것이다.

우리가 보는 세상은 '보이는 세상'이 아니라 '해석된 세상'이다. 하지만 이것을 말로만 이해해서는 쓸모가 없다. 확장성과 적용성이 없기 때문이다. 시각을 과학 즉, 생물학적인 증거를 통해 하나하나 알아가다 보면 단순히 시각에 대한 이해가 늘 뿐 아니라 뇌에 대한 이해도 늘어난다. 일일이 눈의 시각세포 수와 뇌로 전달되는 신경의 숫자 그리고 LGN을 거쳐 V1에 도착하는 신경의 숫자를 측정하고 확인해 보는 서양의 과학은 느리지만 증거를 기반으로 하기 때문에 힘이 있고 무한한 확장성이 있다. 구체적 증거나 숫자가 없는 관념적인 이해는 힘이 별로 없다.

눈앞에 펼쳐진 이렇게 생생한 장면이 사실은 뇌가 하나하나 그린 것이라는 사실만 제대로 이해해도 우리의 생생한 감정 또한 우리의 뇌가 얼마든지 순식간에 구성해 낼 수 있는 것 중 하나일 뿐이라는 사실을 이해하게 될 것이다.

시각의 원리를 알면 지각의 특성을 알 수 있고, 뇌의 특성도 알 수 있다. 최근의 뇌 과학은 정말 많은 발전을 이루었다. 아쉬운 것은 세부사항과 에피소드적인 지식은 많지만 작동의 원리를 명쾌하게 설명하는 지도map 원리가 없다는 것이다. 지도 원리가 있으면 등불이 되어 환한 빛으로 많은 단편적 지식을 밝게 조망하여 제대로 결합할 수 있게 하고, 우리가 멀리 나아가는데 큰 도움이 될 텐데 그것이 없어서 아쉬웠다. 그래서 지각의 원리에 대해 내 나름대로 '미러뉴런 매칭 시스템'으로 정리해봤다. 나는 그것으로 많은 질문에 대한 답을 얻었다.

감정도 그런 식으로 원리를 통해 설명이 가능하다면 정말 좋을 것이다. 사실 지각보다 중요한 것은 감정이다. 음식을 먹을지 말지를 결정하는 것은 그것이 무엇인지 아는 것보다 그것에 대한 감정이다. 감정도 과학적 원리로 설명할 수 있을까? 그 많은 감정 하나하나가 뇌에서 제각각 다른 시스템에서 만들어진 것이라면 힘들겠지만, 감정도 색처럼 기본 원색이 있고, 나머지는 그것을 적당히 섞어서 만들어진 것이라면 과학적인 설명이 가능해질 것이다.

시각은 뇌로 그린 그림이다.
우리 눈 앞에 펼쳐진 장면은 단순히 거울에 비추듯이
망막의 정보가 단순히 뇌에 뿌려진 영상이 아니다.
뇌가 눈에 들어온 정보를 참고하여
하나하나 일일이 보정하여 그린 뉴로그래픽이다.

맛 또한 뇌로 그린 그림이다.
음식의 성분은 맛의 시작일 뿐이고, 맛은 뇌가 그린대로 지각된다.

PART NINE

POWER OF EMOTION

이성의 뇌와

감정의 뇌는

다르지 않다

1.
우리의 뇌는
왜 그렇게 작동할까?

뇌는 불충분한 정보만으로도
빠르게 판단해야 한다 ● ● ●

감각과 판단은 동시에 일어난다. 라마찬드란 교수는 『명령하는 뇌, 착각하는 뇌』를 통해 우리 뇌는 정보를 합하여 차례차례 단계적으로 알아내는 것이 아니라 어느 순간에 갑자기 알아챈다고 이야기한다. 예를 들어 주머니에 물건을 넣고 누군가에게 그것이 무엇인지 손으로 더듬어서 알아 맞춰보라고 하면, 몇 번 더듬거리다가 한순간 하모니카! 하는 식으로 알아챈다. 정보를 수집하여 충분히 정보가 쌓이면 그때 판단하는 것이 아니라 불분명한 정보에서도 끝없이 이것은 뭐가 아닐까 하는 추정예측 을 계속하다가 어느 순간에 확 확신하고 끝난다는 것이다.

우리 뇌는 왜 이런 식으로 작동할까? 아마도 그것이 생존에 더 적합해서일 것이다. 숲에 움직이는 수상한 물체가 있다면 그것이 호랑이인지 고양이인지 가장 빠른 속도로 판단해야 한다. 정확성을 높이기 위해 판단을 지연했다가는 목숨을 잃기 쉽다. 고양이를 호랑이로 오해해서 도망을 가는 것은 에너지의 낭비는 있어도 생존에 치명적이지는 않다. 정보가 충분할 때까지 판단과 행동을 미루는 것이 오히려 치명적일 수 있다.

이처럼 생존을 위해서는 빠른 판단이 필요한데, 뇌의 작동 속도는 요즘 컴퓨터에 비하면 터무니없이 느리다. 컴퓨터는 초당 기가10억 회 이상 작동하는데 뇌의 신경세포는 100번 작동하기도 벅차다. 그러나 우리 뇌는 사진을 보고 고양이인지 호랑이인지를 슈퍼컴퓨터보다 빠르게 판단할 수 있다. 빠른 판단을 위해 온갖 기술과 편법을 동원하기 때

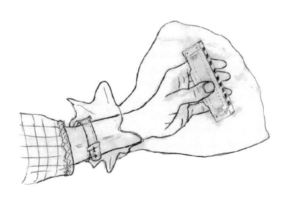

그림 9-1. 짐작하고 감각한다

문이다. 그래서 뇌 과학은 심지어 행동이 먼저고, 의지나 판단은 나중에 따라온다고 할 정도다. 이런 것은 식당을 찾을 때도 마찬가지다. 우리는 식당에 들어서는 순간부터, 아니 멀리서 그 식당을 볼 때부터 이미 어느 정도 맛을 판단한다. 그래서 실제 먹으면서 느껴지는 맛을 이미 판단한 결과와 비교하여 예측보다 뛰어나면 감탄하고, 아니면 실망하는 식으로 맛을 보는 경우가 많다. 유명한 맛집에 가면 이미 맛있다고 판단을 해서 더 맛있게 느끼는 식이다. 그렇다고 이런 작동방식이 문제가 많거나 틀리는 경우가 많지도 않다. 충분히 잘 작동한다.

뇌는 빠른 처리를 위해 패턴화한다 ● ● ●

뇌의 작동 속도는 느리다. 컴퓨터에 비하면 터무니없이 느리다. 하지만 뇌에서 처리해야 하는 정보량은 엄청나다. 눈에서 초당 100만 화소 정보를 20번만 보낸다고 해도 초당 2,000만 건의 정보를 처리해야 한다. 여기에 청각, 후각 등의 온갖 감각 정보가 들어온다. 더구나 뇌는 어마어마한 에너지를 소비하는 기관이라 용량을 무한히 키울 수도 없다. 따라서 뇌는 엄청난 양의 정보를 어마어마하게 효율적으로 처리하는 시스템을 추구한다.

우리의 뇌는 세계를 단순히 있는 그대로 묘사하지 않고 가장 있는 그대로의 모습이라고 생각하는 대로 그린다. 대표적인 것이 화이트 밸런스 처리이다. 색은 빛의 흡수도이기 때문에 조명에 따라 종이의 색이

다르게 보여야 한다. 그런데 우리 뇌는 순식간에 색조를 조절하여 흰 종이는 조명과 무관하게 항상 희게 보이게 한다. 감각의 목적은 세상을 있는 그대로 묘사하는 것이 아니라 나에게 의미가 있는 정보를 수집하는 것이라서 감각단계에서 이미 목적에 맞게 변형을 시작한다. 이런 총합적인 노력을 통해 우리는 세상을 쉽고 빠르게 볼 수 있는 것이다.

이때 유용한 것이 패턴의 발견이고, 패턴을 찾는 능력이야말로 인간의 가장 뛰어난 능력이며 거의 본질에 가까운 특성이다. 인간은 패턴 찾기에 정말 능하다. 그래서 병아리 감별이나 위폐 감별에서 기계가 쉽게 따라오지 못하는 능력을 보여주기도 한다. 복잡함에 대응하는 능력에도 패턴화 능력이 크게 한 몫 한다. 패턴화 능력은 유사한 특징을 그룹화하거나 분리하는 능력이다. 생존에 중요한 것이 먹이를 쉽게 찾고, 사나운 맹수의 위장·은폐를 빨리 눈치 채는 것이다. 숲에 숨은 사자의 부분적 모습에서 재빨리 사자 전체 모습을 유추해내야 한다.

우리는 하루에 무려 1만 건의 선택^{판단}을 한다. 하지만 대부분의 판단은 본인이 그런 판단을 했는지도 모르고 지나간다. 뇌가 패턴에 의해 무의식적으로 처리했기 때문이다. 우리의 뇌는 항상 감각의 결과를 뇌에 재구축한다. 그래서 세상에 대한 패턴^{모형}을 축적한다. 패턴을 많이 간직할수록 이해력이 높아진다. 뇌는 엄청난 환각 장치이자 패턴인식 장치이고 통계처리 장치이다. 축적된 자료의 통계를 통해 표상을 만들고 이데아도 만든다. 패턴, 선입견 그리고 불변 표상은 전혀 다른 말처럼 들리지만 별로 다르지 않다. 신경세포의 작동은 컴퓨터에 비해 너무나 느리지만, 순차적으로 작동하지 않고 동시에 작동하여 서로가 서로에게 영향을 주고받는다. 그래서 빠른 판단이 가능하고 판단은 언제든지 수정이 된다. 감각이 판단이 되고, 판단이 감각이 된다. 감각과 동시에 패턴을 찾아 내용을 짐작^{판단}하고, 짐작에 따라 감각을 해석하고 조정하여 재입력한다.

인간의 패턴을 인식하는 능력은 정말 탁월하다. 우리는 개를 보자마자 꼬리를 보았든, 몸통만 보았든, 다리가 불구가 된 개를 보았든 바로 개라고 판단할 수 있다. 심지어 감정까지도 짐작해낸다. 그리고 이런 패턴화 능력은 도처에서 발휘된다. 사람들이 부르는 노래는 정말 제각각이다. 음높이도 제각각이고, 박자도 제각각이다. 그런데도 아는 노래는 듣자마자 바로 안다. 조옮김을 하여도, 음색이 전혀 달라도, 독창을 해도, 합창을 해도, 아는 곡은 바로 안다. 아이들이 자전거를 알면 자전거가 고장 나도, 바퀴가 빠져도, 뒷바퀴만 크게 만들어도 그게 자전거임을 바로 안다.

인간은 많은 기억을 통해 섬세한 판단을 한다 ● ● ·

인간의 뇌는 860억 개의 신경세포로 이루어져 있고 전체 에너지의 20%를 사용한다. 곤충의 뇌는 불과 10만 개 정도의 뇌세포로 구성되어 있다. 인간의 1/860,000에 불과하다. 그럼에도 곤충은 지구 역사에 있어서 매우 성공적인 생물체로 137만 종의 동물 중 무려 100만 종이 곤충에 해당한다. 그 작은 뇌로 학습, 기억, 사회성 심지어 인간이 보지 못하는 편광이나 자기장도 감지한다. 그러니 인간의 뇌도 순수하게 생존에 필요한 양은 그렇게 많지 않을 것이다. 단순히 생존을 위해서가 아니라 많은 인원과 사회를 이루고 섬세한 판단을 위해 커진 것이다.

기억은 과거의 회고를 위해 준비된 기능이 아니고, 미래에 더 나은 행동을 위해 준비된 기능이다. 우리는 뇌에 저장된 엄청난 기억들을 이용하여 보고 만지고 듣는 모든 것에 관해 섬세하게 예측하고 이해한다. 우리가 '지각하는' 것은 우리에게 보이는 세계 즉, 감각에서 온 것이 전부가 아니다. 절반 이상은 뇌의 기억에서 만들어진 예측에서 온 것이다. 기억이 많아야 패턴이 많아지고, 패턴이 많아야 세상에 대해 많은 데이터를 바탕으로 정교하고 섬세한 표상이 가능해진다. 그만큼 우리의 행동도 섬세하고 우아해질 수 있다.

그리고 모든 경험에는 감정이 따르기 마련인데 감정도 우리 뇌 속에서 구성된 것이다. 지각했다는 것은 감각을 이해했다는 뜻이고, 감정을 통해 나름의 의미를 부여했다는 뜻이기도 하다. 감정은 감각을 통해 특별한 정서가 촉발된 것이 아니라 뇌가 지각과 동시에 구성한 것이라 인지나 지각과 구별되지 않는다. 이러한 뇌의 작용기작과 특성을 이해해야 우리 자신을 이해하는데도 많은 도움이 될 것이다.

2.
무의식이 핵심이고
감정도 무의식이다

무의식을 가장 능숙하게 처리한다 ● ● ●

우리는 무의식 하면 뭔가 모호함 또는 신비로움을 추가하려 한다. 그런데 운전을 익히는 과정을 생각해보면 무의식이 전혀 신비한 것이 아님을 금방 알게 된다. 운전을 처음 배울 때는 긴장이 되어 모든 것을 의식하게 되고 그만큼 시야가 좁아진다. 그러다 충분히 익숙해지면 시야가 넓어지고 긴장은 풀어진다. 나중에는 거의 좀비 모드가 될 수도 있다. 매일 다니는 출퇴근길은 본인이 직접 운전을 하고 왔으면서도 어떻게 운전하고 왔는지 전혀 기억하지 못할 때가 있을 정도로 완전한 무의식 상태가 되기도 한다. 자신이 매일 출퇴근하는 길을 일일이 긴장하고 의식하고 기억하는 것이 효율적일지, 아니면 자동화시켜 무의식으로 돌리는 것이 효율적일지는 굳이 따져볼 필요도 없을 것이다. 그럼에도 불구하고 우리는 무의식 하면 뭔가 미지와 신비를 먼저 떠올린다.

사실 뇌의 기능에는 의식적보다 무의식적으로 처리되는 부분이 훨씬 많다. 자율신경이 그렇고 고유 감각이 그렇고 여러 인지기능도 그렇다. 시각만 해도 얼굴의 인식, 색상의 부여, 입체감의 부여 등이 자동으로 일어나지만, 우리는 그것이 구체적으로 어떻게 일어나는지 전혀 인지하지 못한다. 엄마의 얼굴은 어떤 각도, 어떤 조명이나 배경에서도 바로 알아보지만, 구체적으로 어떻게 알아보는지는 모른다. 뇌의 정보 전달과정을 보면 얼굴을 인식하는 모듈에 시각의 정보가 들어가고 처리된 결과가 감정과 다음 행동에 영향을 주지만, 구체적으로 모듈 안의 처리 과정에 대한 접근은 허락되지 않았다. 그리고 엄마를 보면^{인지하면} 엄마라는 감정이 따라붙는다.

그런데 보통은 감정이 따라붙는 것도 너무나 일상적이라 감정이 부여되는 과정은커녕 감정이 붙었다는 사실조차 모른다. 뇌에 장애가 발생하여 얼굴의 인지에서 감정이 연결되는 회로가 망가지면 그제야 심각성이 드러난다. 뇌 장애로 얼굴인식에서 감정이 연결된 회로가 망가진 환자가 엄마를 보면 단순히 엄마라는 감정이 안 드는 정도가 아니라 엄마를 닮은 사기꾼이 엄마를 사칭한다고 해석하는 현상마저 발생하는 것이다.

우리 몸에는 고유감각이 있다. 그래서 팔을 보지 않고도 팔이 어디에 있는지 알고 팔을 원하는 곳으로 움직일 수 있다. 그런데 팔을 마취하면 고유 감각에서 오는 신호가 끊기기 때문에 단순히 팔이 없다고 느끼는 것이 아니라 시간이 지날수록 남의 살, 남의 팔을 붙인 것처럼 느껴 이물감에 매우 불편해진다. 우리의 뇌는 굳이 의식할 필요가 없으면 무의식으로 자동화하여 처리하고, 인지할 부분에만 선택과 집중을 하도록 한다. 그러다 없어지면 강하게 표시가 난다. 우리의 감각과 의식은 항상 상대적 차이에 민감하지 변화가 없는 것은 무관심해진다.

무의식은 지방자치적으로 작동하는
많은 모듈 때문에 가능하다 ● ● ●

인간 뇌의 가장 큰 특징은 신피질이 많다는 것이다. 피질 전체의 면적은 2,200cm²이며, 무게는 600g 정도로 뇌의 40% 정도를 차지한다. 이중 1/3 정도는 표면에 접해 있고, 2/3 정도는 고랑에 접해 있다. 피질의 두께는 1.5~4.5mm 평균 2.5mm 정도이며, 신피질은 여섯 개의 층으로 구성되어 있다. 『마음의 탄생』의 저자 레이커즈 와일은 신피질은 100개의 신경세포가 기본 블록을 이루어 패턴을 인식한다고 주장한다. 그의 말이 사실이라면 우리의 뇌에는 3억 개의 패턴 인식기가 있는 셈이다. 이것이 여러 개 모여서 특정한 기능을 하는 모듈이 된다.

그중에서도 시각에만 20개 이상의 모듈이 작동한다. 예를 들면 색상 인식을 정확히 하는 색상 부여 모듈이 있다. 시각 정보는 V1 영역에서 다음 단계로 차례로 진행되며, V4 영역에 도달하면 색을 인지한다. 그래서 이 영역이 손상되면 다른 부위는 멀쩡해도 색이 사라지고 흑백만

남게 된다. 부분적으로 약간 손상되면 그 부분만 흑백이 된다.

여러 개의 모듈로 되어 있다는 것은 쉽게 이해해도 '물체를 인식하는 부위'와 '안면을 인식하는 부위'가 따로 있다는 것은 쉽게 이해하기 힘들다. 물체를 인식하는 부위로 얼굴이라는 물체도 인식할 수 있기 때문이다. '방추상얼굴영역 FFA, Fusiform face area '이 바로 얼굴을 인식하는 부위인데, 얼굴을 보면 반응하고, 얼굴을 가리면 반응하지 않는다. 우리의 뇌에는 이미 사물을 인식하는 부위가 있는데 왜 번잡하게 안면만 인식하는 부위가 따로 있는 것일까? 사실 이 부위에 문제가 생기면 사람을 알아보는데 문제가 있다. 사람 자체를 인식하는 데는 아무런 문제가 없지만, 그 사람이 누구인지를 구분하는데 문제가 생기는 것이다.

올리버 색스의 『아내를 모자로 착각한 남자』에 그런 사례가 나온다. 주인공은 매일 보는 자신의 아내를 알아보지 못해 머리에 특별한 머리핀을 꽂게 하여, 그 머리핀을 보고 아내임을 인식한다. 머리핀 모양은 알아채는데 아내 얼굴은 알아채지 못한다는 것은 이해하기 쉽지 않다. 굳이 비교하면 무당벌레에 관심이 없는 사람에게는 세상의 모든 무당벌레가 똑같아 보이는 것과 같은 경우다. 무당벌레는 지구의 생명체 중 가장 종류가 다양해서 무려 30만 종이나 되지만, 우리같은 비전문가에게는 모두 다 똑같아 보인다. 개에 관심 없는 사람에게 모든 개의 얼굴이 똑같아 보이는 것도 마찬가지다. 개에게 특별한 옷을 입히거나 이름표를 붙이면 쉽게 구분이 가능한 것처럼 아내를 모자로 착각하는 이 남자는 남들과 비슷한 얼굴 대신에 머리에 꽂힌 특이한 핀을 알아보는 것이다.

사실 얼굴은 인체에서도 매우 특별한 부위이다. 사람의 얼굴은 매우 비슷한데 우리는 사소한 특징을 통해 수많은 사람의 얼굴을 구분한다. '방추상얼굴영역'이라는 안면인식 전용 모듈이 추가되어 있기 때문이다. 얼굴은 사람의 시선을 가장 많이 끄는 부위이다. 그래서 얼굴 부위의 성형수술을 가장 많이 한다. 우리는 실제 크기와 무관하게 원하는 정보량에 비례하여 뇌의 영역을 할당한다. 우리 몸의 촉각도 입술과 얼굴 등에 압도적으로 많은 수용체가 배치된다. 그런 개별적인 장치를 마치 하나의 모듈로 모든 기능을 수행하는 것처럼 통합하여 세상을 보고 이해한다.

얼굴을 알아보지 못하는 실인증보다도 이해하기 힘든 것이 글을 읽지 못하는 실독증이다. "난 여전히 글을 쓸 수 있어. 하지만 읽을 수는 없다네. 책을 쓸 수는 있겠지만 퇴고는 못 하지." 시각은 멀쩡한데 글만 읽을 수 없다니 쉽게 납득이 가지 않는다. 『책, 못 읽는 남자』를 쓴 하워드 엥겔의 이야기이다. 보통은 쓸 줄 알면 읽을 줄도 안다. 그런데 누군가 글을 쓸 수는 있으나 그 글을 전혀 읽을 수 없다고 하면 쉽게 납득하기 힘들다. 뇌의 작동원리를 제대로 이해해야 이런 내용도 쉽게 이해할 수 있다. 아니면 이런 증상은 그저 흥미로운 에피소드의 하나일 뿐 뇌의 원리를 이해하는데 도움이 되지 않는다.

무의식은 정말 고집이 세다 ● ● ●

맹점 현상에서 아무리 하트를 지우지 말라고 스스로에게 애원해봤자 소용이 없다. 수백 번 뇌에게 명령을 내려도 뇌는 하트를 지우고 선을 잇는다. 뇌는 각각의 맡은 역할을 자동적으로 묵묵히 수행할 뿐 의식의 통제를 잘 받지 않는다. 사실 뇌는 대부분 자동화된 무의식회로로 작동하며, 이런 회로는 아주 천천히 조금씩 바꿀 수 있지만 한계가 있다. 뇌는 가소성은 있으나 한계가 있는 하드웨어이지 우리의 마음대로 변경 가능한 소프트웨어가 아니다.

그림 9-2. 맹점 채움 실험(h)

만약 우리가 의식적으로 신체와 지각을 운용해야 한다면 우리는 과도한 부담에 정신을 차리기 힘들 것이다. 하지만 대부분 무의식이 담당을 해준다. 발걸음을 의식하고 걸을 수 있고, 의식하지 않고도 걸을 수 있고, 숨을 쉬는 것도 의식하고 쉴 수 있지만 대부분 무의식으로 한다. 우리는 밥을 먹으면서 그것을 의식하지 않고도 동시에 대화할 수 있고, 라디오를 듣거나 커피를 마시면서도 책을 읽을 수 있고, 글을 쓸 때는 글의 내용에만 온 의식을 집중한 상태에서 키보드를 능숙하게 칠 수 있다. 그리고 무의식의 선택이 의식적인 선택보다 더 정확한 경우가 많다. 의식은 구체적이고 규정된 문제를 잘 풀지만, 무의식은 모호하고 불확실한 문제를 더 잘 푼다. 그리고 현실은 의식에 적합한 문제보다 무의식에 적합한 문제가 더 많다.

결론적으로 우리의 삶에서 무의식은 조연이 아니라 주연에 가깝다. 우리 행동의 90% 이상은 무의식에 의한 것이다. 의식보다는 그것의 바탕을 이루는 무의식에 대한 이해가 우리 행동의 이해에 도움이 된다는 뜻이다. 심지어 의식적 삶이란 무의식적 충동에 의해 행해진 일에 대한 의식의 사후적 합리화에 지나지 않는다고 해석한다.

우리는 빈 서판이 아닌 많은 본능과 무의식을 가지고 태어난다. 단지 초벌 쓰기 정도여서 나중에 고쳐 쓰고 다듬어 질 수 있다. 그런 무의식에 따라 행동하기 쉽고, 거기에서 벗어나려면 에너지가 든다. 무의식은 직관이기도 하여 빠르고 나름 충분히 정교하다. 생존에 적합한 시스템인 것이다.

유전자에 숨겨진 무의식도 있다 ● ● ●

최근 인류의 생활환경은 급속도로 변화했다. 그동안 인간의 몸도 약간은 바뀌었지만, 환경의 변화에 완전히 적응하기에는 너무 짧은 시간이었다. 현대인은 아직도 수렵, 채집에 더 적합한 몸과 무의식으로 현대 사회를 살아간다. 그래서 생계수단과는 거리가 먼 일을 돈과 시간을 써

가면서 즐기기도 한다. 그런 노력과 비용 대비 시장에만 가도 더 저렴하고 양질의 것을 살 수 있음에도 낚시를 하거나 바닷가를 헤매며 조개 몇 개를 주워놓고 즐거워하고, 숲 속에서 고사리를 따고 송이버섯을 찾으러 소나무 밭을 헤매고 다닌다.

언뜻 이해하기 힘든 이런 행동의 근원에는 원시인에 적합한 DNA의 기억이 있다. 인류는 수만 년 전 매머드 사냥에 적합했던 몸과 욕망을 지금까지도 가지고 있어 사냥과 채취의 즐거움에서 벗어나지 못하고 있는 것이다. 특히 남자는 사냥꾼의 습성, 여자는 채집꾼의 습성이 유전자에 남아 있다. 멀리 사냥을 하러 가려면 시각과 방향, 공간 감각이 필요하다. 그러니 남자는 시각에 민감할 수밖에 없다. 남자는 사냥과 관련된 무기, 성취, 모험, 스피드 이런 용어를 좋아하고 순간적인 즐거움을 즐긴다. 사냥감에 명중시킨 순간의 쾌감이 사냥의 힘든 과정을 모두 상쇄하기에 충분해야 하고, 집에 가서 자랑할 즐거움으로 배고픔에도 사냥한 수확물을 집에 가져갈 생각만 하게 한다. 남자는 자기를 인정해주는 사람에게 목숨을 걸 수밖에 없다.

사냥감이 눈에 띄면 바로 쏘아야 한다. 아니면 순식간에 달아나기 쉽다. 그래서 남자는 목적 지향이고 시간과 순간이 중요하다. 하지만 식물을 채취하는 경우에는 처음의 목표는 별로 중요하지 않다. 큰 바위 밑에 뿌리식물을 캘 계획으로 나갔더라도 중간에 탐스럽게 잘 익은 과일을 발견했다면 그것을 따는 것이 현명한 행동인 것이다. 식물은 달아나지 않고 채집에 최적의 순간이 있으므로 여자는 항상 전체를 살피고 그중에 선택을 해야 한다. 지금 채취할 것인지 나중에 좀 더 익은 다음에 채취하는 것이 이익일지 고민해야 한다. 그런 습성이 남아서인지 남자의 쇼핑은 목적 달성이 중요하고, 여자는 백화점 전체를 탐색하는 것이 더 중요하다. 그래야 최선의 선택이었다는 위안이 가능하기 때문이다. 남자는 사냥을 떠날 때 많은 무기를 챙길 수 없으므로 무기의 성능이 중요하지만, 여자는 성능보다 가격을 따지고 식물을 채집하듯 물건의 소재와 색깔, 냄새 등을 따지는데 시간을 더 쓴다. 우리는 이렇게 지금도 원시인 DNA에서 벗어나기 쉽지 않다.

현재 식품에서 가장 큰 문제는 과식으로 인한 비만이다. 만약 우리가 음식을 딱 필요한 양만큼만 먹을 수 있다면 우리는 비만해질 염려가 없다. 하지만 우리는 필요량보다 많이 먹는다. 우리 몸은 음식이 있을 때 필요량보다 30%쯤 더 먹도록 세팅되어 있기 때문이다. 이것은 이미 동물 실험으로도 입증된 사실이다. 동물을 자유롭게 먹도록 하고 평균 섭취량을 구한 다음, 그보다 30%쯤 적게 먹이면 가장 건강하고 장수한다. 무의식은 실로 막강하다.

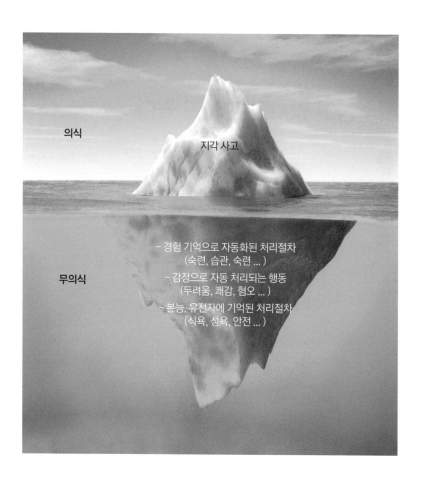

의식

지각 사고

무의식

- 경험 기억으로 자동화된 처리절차
 (숙련, 습관, 숙련 …)
- 감정으로 자동 처리되는 행동
 (두려움, 쾌감, 혐오 …)
- 본능, 유전자에 기억된 처리절차
 (식욕, 성욕, 안전 …)

3.
뇌는 하드웨어,
가소성이 있지만 한계도 있다

심봉사는 눈을 뜨자마자
딸의 얼굴을 알아보았을까? ● ● ●

고전소설 『심청전』에서는 심봉사가 심청이를 만나 눈을 뜨는 해피엔딩으로 끝난다. 그런데 진짜로 눈만 뜨면 세상을 환히 볼 수 있을까? 영국의 신경인지심리학자 그레고리R. L. Gregory 박사는 개안수술을 한 S. B.환자 이니셜 라는 성인남자의 사례를 연구했다. S. B.는 태어날 때부터 시각장애인이었다. 그러다 태어난 지 50년이 지난 1958년에야 개안 수술을 하게 된다. 수술 전의 S. B.는 매우 활동적이고 지적인 사람이었다. 다른 친구의 어깨를 손으로 잡고 같이 긴 자전거 여행을 나서기도 했고, 정원도 열심히 가꾸었다. 개안 수술 후 붕대를 푼 S. B.는 의사의 목소리가 나는 방향으로 얼굴을 돌렸다. 그러나 그

감정이 어려워 정리해 보았습니다 ● ● ● ● ● ● ● ● ●

는 의사를 쳐다보면서도 의사 선생님이 어디 계시냐고 물었다. 눈을 떴지만 바로 세상을 보지는 못한 것이다.

수술 후 첫 인상은 정상인 같아 보였다. 그러나 곧 남들과 다른 점이 발견되었다. 그는 주변의 사물을 돌아보려고 시선을 돌리거나 하지 않았다. 수술 후 며칠이 지나면서 대상을 인식하기 시작했으나 일반인과는 분명히 달랐다. 그는 높은 병실에 있으면서도 창문에서 자신이 발을 내밀면 그 발이 땅에 닿을 수 있다고 생각했다. 거리 감각을 전혀 갖추지 못한 것이다. 또 색을 볼 수 있게 되었으나 수술 전에 생각했던 세상과 다르게 페인트 색이 바랜 우울한 느낌이라 생각해서 정서적으로 힘들어 했다. 그는 점차 우울증에 빠지고 밤이 되어 어두워져도 불을 안 켜고 지내기도 했다. 불완전한 시각이 오히려 불편해진 것이다. S. B.는 개안 수술 후 2년도 안 되어 우울증으로 사망했다.

당시 S. B.에게 개안수술은 전혀 다른 세상에 무방비 상태로 던져진 것이나 다름없었다. 그는 선천적인 시각장애인이었기 때문에 시각을 제외한 다른 감각을 이용하여 세상에 잘 적응하며 살아왔다. 그런데 어느 날 갑자기 너무나 낯선 시각의 세상으로 끌려 나간 것이다. 누구도 그에게 시각의 단계를 가르쳐 주지 않았다. 그는 어린아이처럼 처음부터 시각을 이용하는 법을 따로 배웠어야 했지만, 아무도 그런 도움을 주지 않았다. 결국 그는 시각 세상에 적응하지 못한 채 청각과 촉각으로 된 세상을 마치 고향처럼 그리워하다가 죽었다.

신경과학계의 통념을 깬 개안(開眼)수술 ● ● ● ●

선천성 실명 환자를 10살 이후에 치료하는 것은 힘들다는 말이 있다. 이에 대한 실험적인 증거로는 1981년 노벨 생리의학상을 수상한 토르스튼 위즐과 데이비드 허블의 고양이와 원숭이 실험이 있다. 그들은 여러 실험을 통해 '출생 직후 결정적 기간 동안 시각신호를 박탈당하면 영원히 시각을 상실하게 된다'고 결론 내렸다. 인간에 대한 실험은 없지만, 과학자들은 인간도 10살이 될 때까지 완전히 실명 상태로 지내면 뇌에 시각을 담당할 영역이 발전하지 않아 나중에 개안수술을 받아도 시력을 회복할 수 없다고 생각했다. 그런데 이것조차 완전히 정확한 이야기는 아니라고 한다.

22살의 마노지 야다브는 태어나자마자 두 눈을 잃었다. 시력을 형성할 수 있는 시기를 지나 18세인 2011년에 눈 수술을 받았다. 수술 후 눈의 붕대를 제거하자 야다브의 눈앞은 환해졌고 형체를 알 수 없는 사물들이 어른거렸다. 처음에는 사람과 물체를 구별할 수 없었다. 그후 몇 달 동안, 야다브의 뇌는 눈에서 받아들인 신호를 해석하는 법을 익혀 갔다. 그러면서 희미하고 혼란스러웠던 세상은 점차 형체를 갖춰가기 시작했다.

인도는 세계에서 가장 많은 어린이 실명환자를 보유한 나라다. 36~120만 명으로 추산되는 환자 중 40%는 예방이나 치료가 가능한 질환으로 시력을 잃은 상태라고 한다. 그래서 파완 신하라는 신경과학자의 주도로 2004년에 '프라카시 프로젝트'가 시작되었다. 프라카시 프로젝트는 가난하고 어린 실명환자들에게 시력을 되찾아주는 활동인데, 여기에는 과학적 목표도 포함되어 있었다. 미 국립보건원NIH으로부터 연구비를 지원받아 시작된 이 프로젝트를 통해 시각 시스템에 대한 통념도 깨어졌다. 야다브의 경우처럼 결정적 시기가 지나도 시각회로가 만들어질 수 있다는 사실이 밝혀진 것이다. 야다브는 일 년 반 만에 모든 사물을 알아볼 수 있게 되었다. 혼잡한 시장에서도 자전거를 탈 수 있을 정도로 회복된 것이다. 프라카시 프로젝트는 사실 선천적으로 타고난 뇌의 회로가 있다는 것과 사용을 위해서는 적절한 훈련이 필요하다는 것 그리고 신경의 가소성Plasticity과 한계를 동시에 보여준다.

프로젝트에는 착시의 기원을 밝히는 실험도 있었다. 2011년 어린이 9명을 대상으로 수술이 끝난 후 눈의 붕대를 제거하고 '폰조 착시Ponzo illusion' 문제를 보여줬다. 폰조 착시는 사다리꼴 모양으로 기울어진 두 변 사이에 같은 길이의 수평 선분 두 개를 위아래로 배치하면, 위의 선분이 더 길어 보이는 착시를 말한다. 이런 착시가 학습된 결과라면, 9명의 어린이들은 착시를 일으키지 않았을 것이다. 그런데 9명의 어린이들은 모두 착시를 일으켰다. 이는 폰조 착시가 뇌의 배선에 따른 선천적인 현상이라는 것을 의미한다. 이것은 '뮐러-라이어 착시Müller-Lyer illusion'에서도 그대로 적용되었다. 사실 앞서 내가 설명한 지각의 원리를 잘 생각해보면, 착시는 선험적으로 타고난 시각 시스템의 필수적인 부산물이라는 점에서 당연한 결과이기도 하다.

사실 야다브의 경우처럼 프라카시 프로젝트 환자들의 시력이 수술을 받은 후 몇 달 만에 현저하게 시력이 회복된 것은 뇌의 사전에 배선

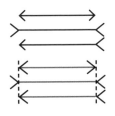

그림 9-3. 폰조 착시, 뮐러-라이어 착시

Wiring 된 회로에 힘입은 바가 크다고 볼 수 있다. 만약 뇌에 선천적인 시각의 배경 회로가 없다면 시력의 회복은 그보다 훨씬 느리고 낮은 수준에서 그칠 것이다. 뇌에 일정 수준의 가소성이 있기 때문에 그 정도로 기능을 회복할 수 있는 것이다.

그리고 시각 시스템은 뇌의 공간지각력에 매우 중요한 것이라는 사실이 밝혀졌다. 시각이 정상인 사람에게 3D 공간에 대한 심상구축능력은 너무나 당연한 현상이다. 만약에 당신에게 '부엌에 뭐가 있는지 생각해 보라'라고 말하면, 당신은 부엌의 모습을 3차원적으로 머릿속에 떠올릴 것이다. 그리고 길을 갈 때도 슬쩍 보는 것만으로 뇌에 3차원 지도가 그려진다. 그래서 별로 주의를 기울이지 않고도 물체나 사람과 부딪히지 않고 길을 잘 간다. 그런데 3차원적 심상능력이 부족하면 길을 가다가 사람이나 사물에 부딪치기 쉽다. 프라카시 환자들은 수술 전에는 공간심상 능력이 부족했지만, 수술 직후부터 꾸준히 향상되기 시작한 것으로 나타났다. 공간을 봐야 공간적으로 생각하기 쉬운 것이다.

뇌에는 가소성이 있지만 한계가 있다 ● ● ●

뇌의 시각 시스템의 상당 부분이 선천적으로 존재하는 것이어서 나중에 수술로 시력을 얻은 사람도 회복할 잠재력을 가지고 있지만 모듈에 따라 가소성_{회복력}에 한계가 있다. 환자에 따라 교정수술을 받은지 20여 년이 지나도 시력이 완전히 회복되지 않은 경우도 있으며, 3차원 지각력과 운동탐지능력이 약했다. 선천적인 맹인은 시각 시스템의 일부가 배선이 바뀌어 청각신호를 처리하도록 변경된 경우도 있다. 이런 경우 또다시 시각 시스템으로 전환이 그만큼 힘든 것이다.

시각에는 10세 이후에도 잘 회복되는 시스템이 있는가 하면, 출생 후 불과 몇 주에서 몇 개월 정도만 실명 상태로 지내더라도 시각피질의 일부는 청각에 반응하도록 재조직되어 그 여파가 매우 오랫동안 지속되는 경우도 있다. 야다브는 안경을 끼고 신문의 헤드라인을 읽을 수 있지만, 수술 후 4년이 지나도록 신문과 책의 작은 글씨를 읽는 데는 애로사항이 있었다고 한다.

프라카시 프로젝트는 시력의 발달과정에 대한 힌트도 주었다. 연구자들은 수술 받은 어린이들의 뇌에서 일어나는 변화를 fMRI로 분석하기 시작했다. 수술 전후 2일 동안 환자의 시각피질을 촬영해 비교한 결과, 시각피질의 다양한 부분들이 동시다발적으로 활성화되는 것으로 나타났다. 그로부터 2개월이 지나자, fMRI 영상이 바뀌기 시작했다. 시각피질의 여러 부분들이 각각 다르게 활성화되는 것으로 나타났다. 시각피질에서 분업이 일어나기 시작한 것이다. 예컨대 환자에게 사람의 얼굴 사진을 보여주니, 정상인의 뇌에서 얼굴에 반응하는 부분이 활성화되는 것으로 나타났다. 이것은 시각피질이 난생 처음으로 시각 정보를 받아들일 때는 임무를 제대로 수행할 수 없다가 시간이 지나면 기능을 한다는 것을 말해준다. 처음에는 사물을 보든 인간을 보든, 그들에게는 아무런 의미도 없다가 시간이 지남에 따라 학습을 통해 사물과 얼굴을 분간하여 처리하게 된다. 이처럼 프라카시 프로젝트는 야다브와 같은 청년 수백 명에게 광명을 찾아준 동시에 시각 시스템을 이해하는데 많은 정보를 주었다. 무엇보다 뇌를 이해하는데 많은 힌트를 주었다.

4.
감정도 그런 식으로
작동한다

나는 후각을 이해하기 위해서 시각을 공부했다. 시각은 후각보다 뇌에서 차지하는 비율이 많다는 것을 제외하면 닮은 점이 많다. 감각의 세포가 사구체에 모이고, 감각이 서로에게 영향을 주는 것도 같다. 심지어 감각의 수용체도 같은 GPCR형이다. 내가 공부를 하면서 느끼는 것은 지금 과학은 너무 파편화되어 각자 부분만 다룬다. 발견한 사실들을 모아 전체를 이해하려는 노력은 별로 없다.

내가 발견한 사실은 시각의 원리가 지각의 원리와 같고 지각의 원리가 감정의 원리와도 같다는 것이다. 감각^{경험}이 없으면 지각이 없고 기억과 감정도 없다. 강한 감정이 강한 기억을 만들고 반복이 기억을 만든다. 심지어 기억의 원리와 중독의 원리도 같다. 기억이 없으면 판단의 기준이 없고, 적합한 감정도 일어나기 힘들다. 감정이 일어나지 않으면 행동도 제대로 일어나지 않는다. 결국 뇌는 행동을 위한 기관이라는 관점에서 감각·지각·감정이 동시에 서로가 서로에게 영향을 주며 일어난다. 뇌에서 기억을 만드는 부위와 감정을 만드는 부위가 겹쳐져 있고, 쾌감을 만드는 회로가 통증을 만드는 회로와 겹쳐 있다.

그런데 우리는 이성에는 관심이 있지만 감각과 감정에 대한 관심은 별로 없고, 그것을 가꾸고 향상시킬 노력이나 훈련은 하지 않는다. 지식이나 이성을 많이 쌓으면 지적인 사람이 되겠지만 그것만으로는 절름발이 인생이고, 좋은 감정을 잘 만들어야 좋은 인생이 된다.

지각은 감각과 일치하는 환각이다.

우리는 눈으로 세상을 보는 것이 아니다.
뇌는 눈으로 들어온 정보를 바탕으로 눈 앞에 펼쳐진 세상을 재구축하여
기억에 저장된 모형과 비교하면서 세상을 이해한다.
기억은 다양한 목적을 위해
감각기관으로부터 입력된 정보를 바탕으로
다중 피드백 회로를 이용하여 세계의 모형을 구축한 것이라
이런 기억이 없으면 카메라가 세상을 보지 못하듯
우리도 세상을 보지 못한다.

본 것이 기억을 만들고 기억이 볼 수 있게 한다.

PART TEN

POWER OF EMOTION

감정도

시각처럼

뇌가 그린 것이다

1.
감각과 지각이
다르지 않다

감정은 원래부터 뇌 안에 존재하는 것을
꺼내는 것이 아니다 ● ● ●

우리는 타고난 감정이 있다고 생각한다. 슬픔, 기쁨, 공
포 등은 서로 뚜렷하게 구분이 되며 우리 내부에서 일어
난다고 여긴다. 그리고 나이, 문화, 인종, 지역에 상관없
이 감정은 상당히 보편적일 것이라 기대한다. 그런데 리
사 펠드먼 배럿은 『감정은 어떻게 만들어지는가?』를 통
해 감정은 우리가 만들어 내는 것이라 말한다. 우리는
뇌의 깊숙이 파묻혀 있는 가공의 감정 회로에 휘둘리는
존재가 아니라 여러 체계의 복잡한 상호 작용을 통해 필
요할 때마다 즉석에서 감정 경험을 구성하고, 그런 방식
으로 다른 사람의 감정도 이해한다는 것이다.

"죽을 만큼 보고 싶다"라는 유명한 가사에 어떤 사람

은 가슴 깊이 공감하고, 어떤 사람은 과장이라고 느낄 것이다. 앞서 젊은 나이에 안락사를 선택한 오렐리아 브라우어스는 몸이 아픈 것이 아니라 마음의 통증이 너무 심해서였기 때문인데, 보통은 어떻게 심리적 고통이 그렇게 심할 수 있는지 쉽게 공감하기 힘들다. 특히 우리가 느끼는 모든 감정을 우리의 뇌가 창조하고 구성해 냈다는 것을 생각하면 그렇다. 도대체 왜 나의 뇌는 스스로가 감당하기 힘든 수준의 격한 감정을 만들어내는 것일까? 우리 뇌에 수많은 감정의 회로가 있는 것이 아니고, 몇 가지 기본회로와 물질로 그때그때 구성한다는 것만 공감할 수 있어도 이 책의 목적은 충분한 것 같다. 물론 우리가 감정을 만드는 기본 원리와 회로는 안다고 해도 고작 그런 물질, 그런 회로, 그런 전기적 신호 때문에 우리가 그렇게 섬세하거나 격렬한 감정에 휩싸인다고 확신하기는 쉽지 않다.

우리는 어떤 날씨에 유난히 상쾌함을 느끼고, 어떤 풍경을 보면 유난히 기분이 좋고, 어떤 풍경에는 압도된다. 부드러운 것은 많지만 특정한 무언가를 쓰다듬을 때 유난히 기분이 좋고, 붉은색은 너무나 다양하지만 어떤 붉은색은 유난히 매혹적이다. 눈앞이 아득해졌다. 눈앞이 캄캄해졌다. 하늘이 노랗게 변했다. 이런 표현은 자신이 직접 경험해 보기 전에는 단지 문학적인 표현이지만, 실제로 경험을 해보면 그것이 생물학적 현상임을 알게 된다고 한다. 모 래퍼는 힙합 경연대회에서 1차 예선탈락 후 충격으로 극심한 스트레스를 받아 다음날 한쪽 눈앞이 뿌옇게 됐다고 한다. 전태일 열사의 어머니는 힘겹게 살다가 큰 화재로 그동안 어렵게 장만한 살림살이며 재산이 몽땅 타버리자 충격으로 눈이 멀어버리기도 했다. 그 전부터 시력이 좋지 않았었는데 심한 충격을 받자 완전히 앞이 보이지 않게 된 것이다. 월남전 당시 눈앞에서 아들이 사살되는 것을 보고 충격으로 실명한 어머니 이야기도 있다. 시각의 중계기인 시상LGN에 충격이 가해지면 시각 시스템은 온전히 작동을 할 수 없다.

우리의 뇌에 수만 가지 감정의 회로가 있는 것이 아니라 몇 가지 단순한 회로로부터 그렇게 다양하고 생생한 감정을 구성해 낸다는 것은 앞에 설명한 시각과 지각의 원리를 곰곰이 생각해보면 잘 알 수 있다. 눈에서 보내는 시각 정보는 고작 100만 화소에 해당하는 정보이다. 거기에 3원색의 정보를 실어 보내야 한다. 그런데 뇌는 고작 그 정도의 정보로 1억 화소의 레티나처럼 세상을 섬세하고 세밀하며 생생한 색상으로 그려낸다. 더구나 눈의 시각 수용체는 평면적으로 배열되어 입체는 없다. 그럼에도 항상 놀라운 입체감과 공간감을 만들어 낸다. 특히 색은 불과 3원색의 정보로 1,000만 종이 넘는 색을 만들어 낸다.

앞에 설명한 시각의 원리를 통해 본인의 눈앞에 펼쳐진 그렇게 섬세하고, 입체적이고, 화려한 색상의 장면이 단순히 거울처럼 있는 그대로 뇌에 비친 영상이 아니고 한 점 한 점 뇌가 일일이 그린 그림이라는 것만 확실히 믿게 되면 감정의 생생함도 쉽게 이해할 수 있다. 아무리 감정이 생생하고 섬세해도 시각의 섬세하고 생생함만 하지는 않기 때문이다. 시각이든 감정이든 감각은 참고용 자료일 뿐이고, 우리가 보고 느끼는 것은 뇌가 그린 영상이다.

지각과 감정이 다르지 않다 ● ● ● ●

사람들은 흔히 직접 눈으로 봐야 믿을 수 있다고 말한다. 그러나 우리가 믿어야 볼 수도 있다. 우리가 본 것은 세계 자체가 아니고 뇌가 그린 그림이다. 단지 현실과 너무 일치한 것일 뿐이다. 모든 경험은 우리의 뇌가 감각을 바탕으로 구성한 것이고, 구성할 때마다 감정을 수반한다. 단지 구성한 세계가 일상에 크게 벗어나지 않아 감정이 그때그때 드러나지 않을 뿐이다. 지각한다는 것은 감각을 해석했다는 뜻이고 감정을 통해 의미를 부여했다는 뜻이다. 그러니 감정은 세계에 대한 반응으로 촉발된 것이 아니라 나의 뇌가 구성한 것 즉, 나의 뇌가 만든 감각과 지각에 대한 의미인 것이라 감정은 인지나 지각과 구별되지 않는다.

뇌는 외부세계의 자극에 단순히 반응하는 기계가 아니다. 항상 예측하고 예측과 감각을 비교한다. 그리고 통계적인 패턴을 찾아 학습을 하고 개념을 만든다. 개념이 없다면 그것을 구분하여 감각하기조차 힘들다. 식물은 자연에 객관적으로 존재하지만, 꽃과 잡초의 구분은 상황과 그것을 지각하는 사람이 있어야만 가능하다. 개념^{단어}은 지각하는 인간이 있을 때만 존재하는 것이다. 이런 개념의 형성이 감정의 형성이고 우리가 자각하지 못하더라도 인간의 마음은 거대한 사회 공동작업의 산물이다. 실제 무지개에는 색의 경계가 없지만 문화에 따라 무지개 색을 6개로 보는 나라도 있고 7개로 보는 나라도 있다. 경험은 개인적이지만 해석은 사회적인 것이다. 용어^{단어, 개념}는 사회적으로 만들어진 생각의 도구이고, 감정을 섬세하게 이해하고 소통하는 수단이다.

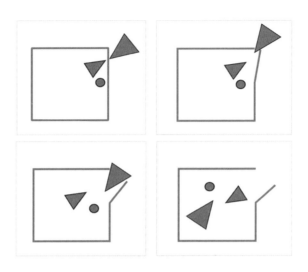

그림 10-1. 느낌의 출현

우리의 지각은 너무나 생생하고 직접적이기 때문에 우리가 세상 자체를 경험한다고 믿지만, 실제로 우리가 경험하는 것은 우리 자신이 구성한 세계이다. 그 과정에 우리의 감각도 구성된다. 감정은 지각에 의미를 부여하고 행동을 준비시킨다. 그래서 감정은 근원적이고 힘이 세다. 그러니 올바른 감정이 이성보다 중요한 것이다. 그런데 우리는 감정이 어떻게 만들어지는지 관찰할 수 없고, 단지 감정이 만들어지는 토양환경을 가꿀 수 있다. 감정을 다스리는 가장 쉬운 방법은 몸을 돌보는 것이다. 건강하게 먹고 운동을 꾸준히 하고 충분한 수면을 취해야 한다. 취미나 낯설고 흥미진진한 일에 몰두하는 것도 좋다. 결국 지각과 감정과 행동은 연결된 세트이다. 행동을 바꾸어 감정을 바꿀 수 있는 것이다.

감각은 훈련을 통해 섬세해진다. 훌륭한 지휘자는 악단에 연주하는 사람 하나하나의 음을 분리해서 들을 수 있고 전체를 들을 수도 있다고 한다. 에스키모인은 눈의 색깔^{흰색}을 40가지로 구분하여 말하고 아마존에 사는 사람은 녹색을 40가지로 구분하여 표현한다고 한다. 감정도 섬세하게 이해하면 좀 더 자유롭고 섬세하게 다룰 수 있다.

자신의 운명은 DNA나 부모보다 어디에서 태어났느냐가 중요하다고 한다. 확실히 지금 대한민국 서울에 태어난 것과 아직도 남아있는 원시부족에 태어난 것은 극복할 수 없는 환경의 차이가 있다. 그리고 다행히 지금은 과거 어느 때보다 경제적으로 풍요롭고 감각과 감정의 가치가 대접받는 시대인 것 같다. 하지만 균형은 마음보다는 경제 쪽으로 많이 기울어져 있는 것 같다. 경제력은 어느 순간까지는 행복에 많은 것을 설명하지만 그 이상은 설명하지 못한다. 사람들 사이에 좋은 감정적 교류보다 행복을 주는 일도 드물다. 감정은 지극히 사회적이다. 조금만 서로가 서로의 감정에 좋은 영향을 주려고 노력하면 구성원 전체의 행복지수는 높아질 것이다.

2.
뇌는 자극을
처리하는 기관이다

사회가 없으면 감정이 없고, 변화가 없으면 시간도 없다 ● ● ●

연말이 되면 우리는 으레 시간 철학자가 된다. 아! 또 한 해가 저무는구나, 시간은 왜 이렇게 빨리 흐르는 것일까 하면서 말이다. 그런데 시간이 빨리 지나갔다는 것은 평소에는 시간의 흐름을 잘 느끼지 못했다는 이야기이기도 하다. 달력이 없고 날씨의 변화가 없다면 대부분의 사람은 벌써 연말이라는 것을 도저히 믿지 않을 것이다. 우리는 누구나 시간의 흐름 속에 시간의 구속을 받으며 살아가지만 시간의 본질이 무엇인지는 잘 모른다.

언제나 일정한 속도로 흐를 것 같은 시간은 아인슈타인에 의해 상대적인 것으로 변했고, 양자중력 이론의 선구자 카를로 로벨리는 『시간은 흐르지 않는다』를 통해

감정이 어려워 정리해 보았습니다 ● ● ● ● ● ● ● ● ●

우리가 가진 통상적인 시간관념을 모조리 깨트린다. 우주에는 단 하나의 유일한 시간이란 존재하지 않고, 시간은 과거에서 미래를 향해 한 방향으로 나아가는 것도 아니며, 규칙성을 가지고 일정하게 흐르는 것도 아니라고 한다.

우리가 물리학자처럼 시간의 의미를 탐구할 수는 없지만, 아무런 변화가 없는 곳이라면 시간의 의미도 사라진다는 것 정도는 이해할 수 있을 것이다. 달에는 암스트롱이 내딛은 발자국이 여전히 그대로 남아있는데 앞으로 수백 년이 흘러도 그대로 남아있을 것이라고 한다. 달에는 공기도, 바람도 없기 때문이다. 우리가 살고 있는 지구에는 사시사철이 있고 꽃이 피고 낙엽이 진다. 10년이면 강산도 변한다고 한다. 우리는 그런 변화 속에 시간이 지남을 인식하는 것이지 아무것도 변화가 없는 행성에 혼자 산다면 시간이 있다고 생각하지 못할 것이다.

살아있는 인간은 새로움을 찾는다 ● ● ·

뇌는 일을 하고 싶어 할까, 아니면 쉬고 싶어 할까? 아마 둘 다일 것이다. 과도한 일은 스트레스지만 할 일이 전혀 없으면 괴로워진다. 눈을 뜨면 시신경이 활발히 작동하고 눈을 감으면 시신경이 침묵할 것 같지만 더 활발해지면서 상호 억제된다. 먹는 것도 마찬가지다. 직장인은 점심때마다 어디에 가서 무엇을 먹을지 고민한다. 어디를 가나 고만고만한데도 그렇다. 아무리 집밥이 좋다는 사람도 누가 기가 막힌 새로운 맛집을 발견했다면 바로 호기심이 생기기 마련이다. 자극이 없는 지루함을 정말 싫어하는 것이다.

2014년 메리필드Merifield 와 동료 연구자는 흥미로운 연구 결과를 발표했다. 지루한 영화를 보고 있는 사람은 재미있거나 슬픈 영화를 보고 있는 사람보다 답답하고 참기가 힘들어 오히려 심장박동 수가 증가한다는 것이었다. 이는 인간에게 지루함은 생물학적인 고통이 될 수 있다는 뜻이다. 이럴 때 사람들은 일상에서 탈출을 시도한다. 과거에는 오토바이 폭주와 같은 현실적인 위협을 주는 일탈 행위들이 주를 이루었다면, 최근에는 익스트림 스포츠, 스릴러 영화나 게임이 그런 탈출구 역할을 한다.

위험천만한 상황에서 무사하게 대처할 수 있는 것처럼 유능함을 제대로 느낄 수 있는 기회는 드물다. 스카이다이버를 대상으로 한 조사 결과를 보면, 자신의 삶에 대해서 답답함을 느끼는 사람들이 스카이다이빙을 하고 나면 그런 기분이 해소되었다고 한다. 인간은 항상 새로움에 도전했고, 그것이 인류의 사고와 행동 그리고 생활을 바꾸어 인류의 성공을 견인했다.

인류의 가장 차별적인 능력인 새로움에 대한 도전은 결국 도파민에서 나온다. 도파민은 보상의 예측 오류를 인코딩한다. 익숙함에는 예측 오류가 별로 없다. 새로움이 예측 오류를 만들고 인간에게 흥미와 도전감을 높인다. 예측하기 힘든 보상이 가장 강력한 중독의 원인이 된다. 사람들이 단순한 규칙의 축구에 빠져드는 이유는 그 결과를 예측할 수 없기 때문이다. 완전히 예측대로만 일어나면 지루해질 것이고, 완전히 예측할 수 없는 결과라면 무기력해질 텐데, 결과가 실력과 적당한 운에 좌우되어 들쭉날쭉한 보상이 이루어질 때 사람들은 가장 쉽게 중독이 된다.

나이가 들면 새로움이 줄어든다 ● ● ●

세상에는 새로움도 희소성도 많이 사라졌다. 예전에는 제철 먹을거리가 귀했다. 그런데 요즘은 또 다른 의미로 제철과일이 드물다. 과일이나 채소가 비닐하우스 등을 통해 연중 재배되거나 세계 각국에서 수입되어 아무 때나 과일을 먹을 수 있다. 그 철에만 먹을 수 있는 것이 사라지고, 그곳에 가야만 먹을 수 있는 것도 사라졌다. 요즘은 무엇이든 스마트폰에서 버튼만 몇 개 누르면 용기에 담겨 문 앞까지 배달된다. 귀함과 희소성이 많이 사라진 것이다.

최근 스마트폰이 등장할 때마다 특별히 새로운 기능이 없다는 말을 자주 듣는다. 그런데 우리나라에 스마트폰이 처음 등장한 것은 불과 10여 년 전인 2009년 11월이다. 만약 우리가 지금 가지고 있는 스마트폰을 11년 전 폰과 바꾸라면 매우, 아니 미칠 만큼 답답해하는 사람이 많을 것이다. 아니, 5년 전의 것과 바꾸라고 해도 참기 힘들 것이다. 우리는 인류 역사상 가장 격렬하고 극단적인 변화를 겪고 있지만, 우리는 물고기의 기억력처럼 짧은 순간의 차이만을 느끼기 때문에 변화의 양을 객관적으로 느끼지 못한다. 사실 우리 뇌뿐만 아니라 우주 자체에 절대성은 없고 상대적인 관계만 있다고 하니 어쩔 수 없다. 우리의 뇌는 차이에만 민감하다. 차이는 절대적 기준에 대한 차이가 아니고 바로 직전과의 차이일 뿐이다.

사람들은 평균 33세부터 더 이상 새로운 음악에 빠져들지 않는다고 한다. 스웨덴의 음원 스트리밍 서비스인 〈스포티파이 Spotify〉의 데이터를 분석한 결과 10대는 새로운 대중음악에 심취하지만, 20대를 지나면서 점차 흥미가 떨어지고, 30대에는 음악 취향이 성숙(?)해진다고 한다. 기존에 이용하던 것들보다 좋은 것이 나와도 새롭게 익히는 게 귀찮아 원래 하던 대로 계속한다는 것이다. 남자에게 특히 이런 현상이 심하며, 이를 '자물쇠 효과 Lock in effect'라고 한다. 새로움에 분비되던 도파민의 분비량이 줄어들어 새로움으로 느끼는 즐거움이 줄어든 것이다.

음악뿐 아니라 게임이나 다른 콘텐츠도 마찬가지다. LP로 듣던 음악을 MP3로 듣는 변화만 생기는 것이다. 바둑을 두던 사람은 온라인 바둑을 두고, 고스톱을 하던 사람은 온라인에서 고스톱을 한다. 장소만 바뀌었을 뿐이다. 그러니 나이가 30대를 넘겼다면 열심히 새로운 게임, 새로운 음악, 새로운 콘텐츠를 찾아 즐길 필요가 있다. 평생 동안 즐길 게임 목록이 곧 마감되기 때문이다.

사실 새로움을 추구하는 성향은 인간만이 가진 독특한 형질이다. 실험쥐에게 여러 가지 맛의 음식을 주어도 일단 한 가지를 먹으면 계속 그것만 먹으려 하지 번갈아 먹으려고 하지 않는다. 대부분의 동물은 초식이나 육식으로 편식할 뿐 잡식하지 않는다. 잡식 동물마저 몇 가지 음식을 편식하여 먹지, 기존의 먹을 것이 충분한데 다른 새로운 음식에 흥미를 가지지는 않는다. 새로움은 경계와 위험이기도 하지만, 스릴과 쾌감이기도 하다. 인간은 타고난 모험가인 것이다. 하지만 나이가 들수록, 산업이 성숙화될수록 이런 새로움에 대한 도전 정신은 사라지고 만다.

일생에서 도파민이 가장 많이 분비되는 시기는 사춘기다. 몸과 마음이 성장하며 빠르게 능력을 키워가는 시기이다. 도파민이 작동해야 어려움을 극복하고 지속적으로 노력하여 성취에 이를 수 있다. 새로움에 도전할 때 도파민이 나오고, 성취할 때 더 많은 도파민이 나온다. 하기 싫은 일을 억지로 계속하면 초기에는 지루함으로, 더 심해지면 우울로 나타난다.

나이가 들수록 도파민 분비량은 줄어든다. 대략 10년마다 10%가량 줄어들며, 20살 때를 100으로 본다면 40세에는 80 수준, 60세에는 60으로 줄어든다. 옥시토신이나 세로토닌이 즐거움을 보충하지만 새로운 게임이 예전처럼 재미를 주기 힘들다. 새로움이 없으니 도파민도 없고, 도파민이 없으니 새로움에 대한 도전도 없는 셈이다. 나이가 들면 짜릿함 대신에 은근한 안락함을 추구하게 된다. 이런 안락감은 예측 가능함에서 온다. 많은 경험으로 어지간한 경우에는 어떤 일이 일어날지 예측 가능해서 불안하지 않은 것으로 만족하는 것이다.

3.
뇌는 차이에서 새로움을 느끼고 행복도 느낀다

뇌는 차이에만 민감하다 ● ● ●

1981년 노벨 생리의학상 수상자인 데이비드 허블David Hunter Hubel 과 토르스텐 비셀Torsten Nils Wiesel 은 1958년부터 1983년까지 무려 25년 동안 '뇌가 눈을 통해 들어오는 시각 정보를 어떻게 해석하는가?'에 대해 연구했다. 두 사람은 당시로써는 혁신적 기술을 이용하여 연구를 수행했다. 손재주가 뛰어난 허블은 단일 뉴런의 활성을 감지하기 위해 미세한 전극을 개발했는데, 이 전극은 하나의 뉴런이 활성화될 때마다 기록 장치에 신호를 보내거나 소리를 냈다. 그리고 스크린에 투사된 다양한 모양들을 고양이에게 보여주면서 어떤 신경세포가 발화되는지를 알아냈다. 맨 처음 발견된 놀라운 사실은 '전등을 켜거나 끌 때는 아무런 반응을 보이지 않던 뇌신경 세포들이 연구진이 손을 흔들자 발화했다'는 것이다. 이 발견으로 인해, 동물의 복잡한 시각성립 과정을 규명하는 길이 열렸다.

두 사람은 주도면밀하게 설계된 일련의 실험을 통해, 특정한 방향으로 뻗은 한줄기 빛을 고양이에게 보여줬을 때 어떤 뉴런이 반응을 보이는지를 알아냈다. 예컨대 한줄기 빛으로 시계판의 2자 방향으로 비추자 특정 뉴런이 활성화되었지만, 1자와 3자에는 활성화되지 않았다. 뇌세포가 방향에 따라 특이적으로 활성화되는 현상을 발견한 것이다. 그리고 빛이 가리키는 방향 외에 모서리나 가장자리의 움직임도 뇌세포의 발화를 결정하는 중요한 요인으로 밝혀졌다. 두 사람의 연구결과가 발표되기 전에 사람들은 시각을 TV나 컴퓨터 화면의 영상이 만들어지는 것처럼 망막에 맺힌 상이 여러 개의 화소로 분할된 다음 뇌세포로 투사되는 것이 전부라고 생각했다. 그런데 허블과 비셀은 시각이 차이의 식별에서 시작된다는 것을 발견해냈다.

차이 식별 회로가 가장 쉽다 ● ● ● ●

우리는 전체를 한번에 보면서 이해하기 때문에 뇌에서 직선, 외곽선, 움직임, 색상 등을 따로따로 처리하여 해석하는 것을 이해하기 쉽지 않다. 하지만 뇌 안에는 작은 난쟁이 같은 존재는 없고 오로지 신경세포의 배선만으로 그런 기능을 구현해야 하니 어쩔 수 없다. 컴퓨터에서 반도체 회로를 이용하여 AND 회로, OR 회로, 더하기 회로 등을 만들어 그것으로 곱하기, 나누기와 같은 좀 더 복잡한 기능을 만드는 것과 같은 원리다. 그런 측면에서 보면 뇌가 절대값보다는 상대값이나 차이에 민감한 것이 이해가 쉽다. 사실 회로 중에 가장 쉽게 만들 수 있는 것이 차이 식별 회로다. 예를 들어 하나의 입력 신호가 있다면 그것을 2개로 나누어 하나는 바로 연결되고, 하나는 약간 시간이 지연되게 하여 연결하면 두 신호의 차이를 확인하는 것만으로 변화의 유무를 확인하는 회로를 만들 수 있다.

이처럼 우리의 뇌는 차이와 변화를 쉽게 처리할 수 있고, 차이를 아는 것이 생존에 유리하기 때문에 유난히 차이에 민감한 편이다. 우리는 풍경을 볼 때 똑같이 보지 않고 움직이는 것을 먼저 본다. 우리의 시야한 구석에서 뭔가가 불쑥 나타나면, 뇌는 그것을 쉽게 알아차린다. 무심코 나무를 쳐다보는데 그 속에서 새 한 마리가 튀어나와 하늘로 날아오르는 경우도 마찬가지다. 그런 현상은 맛에도 있고 향에도 있다. 항구에 가면 처음에는 비린내를 느끼지만, 이내 비린내가 사라지고 새로운 냄새가 느껴진다. 후각이 피로해진 것이 아니라 새로운 냄새를 맡도록 조정된 것이다.

행복도 상대적이고 문득 드는 행복감만 있다 ● ● ·

과거에는 최대의 걱정이 호랑이 같은 사나운 동물을 만나는 것 그리고 먹을 것이 없어서 굶어죽는 일이었다. 지금은 그런 종류의 위험은 다 사라졌고, 먹을거리가 풍족해지고, 생활은 비교할 수 없이 안락해졌다. 불과 100년 전의 사람이 지금 현대에 온다면 아마 당시에 꿈꾸었던 모든 것이 실현되었다고 할지도 모른다. 그럼에도 우리는 그때보다 특별히 행복한 것 같지도 않다. 그 이유는 행복이 객관적이거나 절대적인 감정이 아니기 때문일 것이다. 원하는 것을 얻거나 기대치에 도달하면 잠시 행복감을 느끼지만, 우리는 목표에 도달하자마자 기대치를 다시 높인다. 그러니 행복감은 일시적일 수밖에 없고 우리에게는 또 다른 갈망이 남는다.

우리에게 상대적인 행복감 대신 절대적인 행복의 조건이 있으면 좋겠지만 사실 우주에는 절대란 없다. 모두 상대적인 관계이고 시간마저 절대적이 아니라고 한다. 뇌는 특히 차이에만 민감하다. 사실 차이만 감각하여 현실을 재구성한다고 할 수 있다. 그것이 훨씬 효율적이기 때문이다. 뇌에서 처리해야 하는 정보량도 엄청나다. 시신경은 1초에 100만 화소 정보를 초당 40회 보낸다. 초당 4,000만 정보이다. 여기에 청각, 후각 등의 온갖 감각 정보가 들어온다. 더구나 뇌는 어마어마한 에너지 소비기관이라 용량을 무한히 키울 수도 없다. 따라서 뇌는 엄청난 양의 정보를 어마어마하게 효율적으로 처리해야 한다. 감각과 지각의 첫 단계는 차이 식별이고, 기억도 차이의 저장인 셈이다. 뇌가 움직임에 민감한 것도 움직임이 차이의 발생이기 때문이다. 뇌가 차이에만 민감하고 행복감은 비교에 의해 만들어진 것이라는 사실을 알면, 그런 감정과 밀당하는 방법에 대한 힌트를 찾을 수 있을 것이다.

우리의 감각은 차이를 식별하는 장치이고, 차이^{변화} 가 없는 것은 죽어 있는 것이나 마찬가지다. 그것이 우리의 행동이 완성될 수 없는 이유이기도 하다. 목표를 향해 조금씩이라도 변화해갈 때면 느낌이 발생하고 행복감도 들지만, 목표에 도달해서 가만히 정지해 있으면 자극이 사라지고 행복감도 점차 사라지기 마련이다. 평화가 목표라면 그래도 쉽지만 행복은 행복이 목표가 되기 쉽지 않다. 이처럼 뇌의 특성을 알고 나면 감정의 특성 또한 저절로 알게 되는 경우가 많다. 대표적인 것이 우리의 마음은 왜 그렇게 왔다갔다 하는지와 같은 것이다.

행복이란 것은 없다.

문득문득 찾아오는 행복감만 있다.

PART ELEVEN

POWER OF EMOTION

우리의 마음은

원래 흔들리게

설계되어 있다

1.
욕망은
교대로 출렁거린다

같은 그림에서 다른 그림이
교대로 보이는 이유 ● ● ●

우리는 행복한 삶을 꿈꾼다. 그런데 욕망에 충실해야 행
복할 수 있을까, 아니면 욕망을 억제해야 행복할 수 있
을까? 나는 정답을 모르겠고 그런 질문에 답을 찾는 일
은 나에게 맞는 일도 아니다. 그나마 쾌락의 물질, 쾌락
의 엔진, 쾌락의 역할, 쾌락의 코드 같은 것을 찾아보는
것에서 만족한다. 여기에 뇌의 특성까지 이해하면 감정
을 이해하기 쉬워지는 것 같다.

　우리는 왜 항상 이랬다저랬다 할까? 오늘 마음 다르
고 내일 마음 다르다. 누군가와 같이 있으면 혼자 있고
싶어지고, 혼자면 친구랑 어울리고 싶어진다. 혼잡한 도
시를 벗어나고 싶다가 시골에 가면 심심해한다. 집안의

가구를 미니멀리즘으로 정리하면 기분이 좋다가 버린 것을 또 아쉬워하고 뭔가를 채워야 기분이 좋아진다. 사람에 피곤해지면 아무도 나를 찾지 않는 고독을 꿈꾸다가 또 누군가 나를 인정을 해주면 한없이 기분이 좋아진다. 우리는 왜 상반된 욕망 사이에서 오락가락하고, 어디에서 멈추어야 하는지 모를까? 과학이 답을 말해주지 않아도 왜 우리가 항상 흔들릴 수밖에 없는지에 대한 답은 찾을 수 있다.

네커큐브는 스위스의 결정학자인 루이스 알버트에 의해 1882년에 처음으로 제시된 착시이다. 입체적인 육면체를 평면에 투영하여 그리고, 그림자 등을 통해 3차원적 정보를 주지 않지만 대부분의 사람은 입체적으로 본다. 그런데 이 그림을 지켜보고 있으면 중심부 위쪽에 있는 꼭지점이 앞으로 튀어나온 형태로 보이다가 어느 순간 또 맨 뒤로 들어간 형태로도 보인다. 재미있는 것은 아무런 의도 없이 가만히 지켜보기만 해도 어느 순간 앞으로 튀어나왔다가 뒤로 들어가는 형태가 반복된다는 것이다.

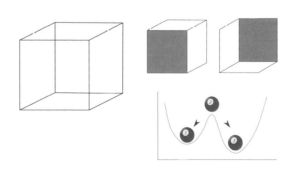

그림 11-1. 네커큐브(Necker cube) 착시와 쌍안전성(bistability)

'아가씨와 노파' 착시 그림도 마찬가지다. 그림을 보는 순간 젊은 여자나 노파가 보이는데, 네커큐브 착시처럼 어느 순간에 노파로 보이다가 어느 순간 젊은 처자로 보이는 현상이 교대로 반복된다. 그리고 젊은 처자에서 노파로 한순간에 확 바뀌어 보이지 동시에 보이거나 중간 상태는 없다. 한 순간에는 하나의 형태로 완성되어 보인다. 이 착시만큼 우리 뇌의 작동패턴을 간단명료하게 보여주는 예도 드물다.

뇌는 정보를 취합하여 차례차례 단계적으로 알아내는 것이 아니라 어느 순간 갑자기 알아챈다. 주머니에 물건을 넣어주고 그것이 무엇인지 손으로 더듬어서 알아맞혀 보라고 하면, 몇 번 더듬거리다가 갑자기 내용물이 무엇인지 알아채는 것이다. 불분명한 정보에도 계속 이것

그림 11-2. 아가씨와 노파 착시

이 뭘까 하고 추정을 하다가 어느 순간에 확 지각하는 식이다. 부분적인 정보로 맥락에 따라서 보고, 합리적인 이미지가 완성되면 끝나는 것이다. 그러고 나서도 가만히 있지 않는다. 여유를 갖고 딴짓하다가 갑자기 새로운 면을 발견한다. 짧은 시간에도 자유롭게 교대로 반복된다. 뇌에는 이런 식의 흔들림이 너무 많다. 어떤 때는 금욕주의가 좋아 보이고, 어떤 때는 쾌락주의가 좋아 보인다. 어떤 때는 욕심을 버려야 행복할 것 같고, 어떤 때는 욕심이 있어야 성취가 있고 재미도 있을 것 같다. 이처럼 욕망은 두 가지 상태를 오락가락하지 결코 한 가지 상태에 머무르지 않는다. 우리의 마음이 한 가지가 아니라는 증거는 생각보다 많다.

휴식도 또다른 활동의 상태이다 ● ● ● ●

미국의 뇌 과학자 마커스 라이클Marcus Raichle 교수는 인간 뇌에 대해 알려지지 않았던 현상에 관한 논문을 2001년에 발표했다. 뇌가 사고, 기억, 판단 등 인지 활동을 할 때만 적극적으로 활동하는 것이 아니라, 아무런 인지 활동을 하지 않을 때 활성화되는 뇌의 특정 부위도 있음을 밝힌 것이다. 그 부위는 실험 대상자들이 문제 풀이에 몰두할 때는 활동이 오히려 감소하는 반면, 실험 대상자들이 아무런 인지 활동을 하지 않고 멍하게 있을 때 활성화되는 것으로 드러났다. 라이클 교수는 쉬고 있을 때 즉, 뇌가 활동하지 않을 때 작동하는 일련의 뇌 부위를 일컬어 '휴지 상태 네트워크Rest state network' 또는 '디폴트 모드 네트워크'라고 명명했다. 이것은 눈을 감고 누워서 가만히 쉬고만 있어도 뇌가 여전히 많은 에너지를 사용하는 이유를 설명해준다. 디폴트 모드 네트워크는 자아 성찰, 자전적 기억, 사회성과 감정의 처리 과정, 창의성을 지원하며, 편안히 쉬고 있을 때만 작동하는 것이 특징이다. 사실 이런 인간 고유의 성찰 기능이 명상이나 휴식할 때 활성화된다는 것은 누구나 경험으로 알고 있는 것이지만, 과학적 연구와 뇌 사진을 통해 구체적으로 확인됐다.

뇌는 잠잘 때도 깨어 있다. 그래서 항상 기초대사량의 20% 정도를 차지한다. 모든 뇌세포는 연결되어 있고 전체를 통제하는 상위 기관은 없다. 단지 연결 순서가 나중인 부분이 있지만, 그 부분도 다시 다른 여러 부위로 연결되므로 최종기관이라고 하기 힘들다. 그리고 모든 뇌세포는 자발적이며 자동적으로 움직인다. 어찌 보면 일종의 정신분열적 상태인 것이다. 그런데도 일정한 의식이 있는 것처럼 행동할 수 있는 것은 상호 억압에 의해 대부분의 신호는 소멸되고 가장 그럴듯한 행동만 표출되기 때문이다. 과잉행동장애도 흥분이 과잉인 것이 아니라 억제회로가 제대로 발달하지 못해 발생한다. 이런 뇌로 만들어진 것이 감정이니 참 들쑥날쑥하기 쉬운 것이다.

고진감래, 왜 산에 오를까 ● ● ● ●

우리나라는 등산을 좋아하는 사람이 많다. 주말마다 산을 찾는 사람이 넘쳐나고, 단풍철이면 명산은 그야말로 인산인해다. 사람들은 왜 산에 오르는 것일까? 많은 사람들이 산을 좋아하지만 속 시원한 답변을 듣기는 힘들다. 좋은 공기 때문이라면 공기 좋고 물 맑은 강원도나 제주도에 사는 사람이 서울 사람보다 딱히 건강한 것도 아니다. 경치 때문이라면 꼭 산 속에 들어가야 좋은 경치를 볼 수 있는 것도 아니고, 새로운 산이 아니고 익숙한 산이라면 경치가 마음을 사로잡기는 힘들다. 다이어트를 위한 것이라면 더욱 말이 안 된다. 등산을 마치고 먹는 파전한 장이 운동으로 소비한 칼로리보다 훨씬 많기 때문이다.

운동을 하여 건강해지기 위해서라는 설명도 썩 와닿지 않는다. 등산보다 더 효과적인 운동이 많고, 산행은 오를 때는 운동이지만, 내려갈 때는 무릎에 부담을 주기도 한다. 더구나 산행을 하다가 부상을 입는 경우도 있다. 그런데 점점 더 많은 사람들이 등산에 빠지고 있다. 그 중에 일부는 너무 심취하여 더 험한 산을 찾아가고, 급기야 위험하다는 높은 산에 도전하기도 한다. 건강을 위해서라면 동상에 걸리기 쉽고, 산소 호흡기 없이는 올라가지도 못하는 산에 오를 이유가 없다. 산행에 대한 이유를 오죽 설명하기 힘들었으면, 1953년에 세계 최초로 에베레스트 정상에 올랐던 에드워드 힐러리는 "산이 거기 있으니까 올라간다"는 유명한 말을 남겼다.

산행에는 운동이나 건강으로는 설명할 수 없는 다른 요소가 있다. 혹자는 마음이 편해지고 쌓인 스트레스가 풀려 힐링이 되고, 삶에 더 적극적으로 된다고 한다. 굳이 애써서 어차피 내려올 산을 힘들게 올라가는 것이 마음이 편해지고 스트레스가 풀린다는 주장은 논리적으로는 납득하기 힘들지 몰라도 우리의 유전자에 각인된 기억이나 쾌락의 메커니즘으로는 충분히 설명 가능하다. 우리 뇌가 좋아하는 것은 긴장의 즐거움과 이완의 즐거움의 적당한 시소게임이다. 힘들어야 편안함의 즐거움이 배가되고, 공포를 느낀 후에 진정한 안도감을 느낄 수 있고, 고생을 해봐야 뿌듯함을, 고통을 겪어봐야 진정한 쾌감을 안다. 한쪽이 커지면 다른 쪽도 덩달아 커진다. 고생을 할수록 그 뒤에 오는 뿌듯함은 더 충만해진다.

과거에는 고진감래가 많았지만 요즘은 그 형태가 많이 바뀌었다. 현대인은 과거에는 고생 끝에 얻을 수 있었던 즐거움도 돈으로 간단히 살 수 있다. 세상에서 가장 맛있는 음식을 본인이 직접 농사도 사냥도 요리도 하지 않고 단지 돈만 주면 경험할 수 있게 된 것이다. 고진감래 대신에 인스턴트 쾌락이 너무나 흔해졌다. 그러니 진정한 즐거움을 느낄 기회는 많지 않다.

긴장의 쾌감과 이완의 쾌감 ● ● ●

새로움은 신선한 자극과 낯설음으로 긴장의 쾌감을 주고, 익숙함은 여유와 편안함으로 이완의 즐거움을 준다. 긴장만 유지되면 스트레스가 되고 이완만 유지되면 지루함이 될 텐데, 두 가지가 적절한 리듬을 형성할 때 우리는 활력 있는 삶을 유지할 수 있다. 긴장과 이완이 교차되는 대표적인 예가 사냥이다. 사냥을 하려면 정신을 바짝 차려야 한다. 극도의 긴장 속에 체력, 작전, 기다림, 순발력 그리고 집중력을 요구한다. 사냥에 성공하면 안도, 획득, 기분 좋은 피곤감 그리고 휴식을 즐기게 된다. 그리고 다른 생명을 유지하기 위한 활동에도 이런 긴장과 이완의 리듬인 경우가 많다.

사실 이완의 즐거움은 누구나 저절로 좋아하지만 긴장의 쾌락에는 의도성이 필요하다. 그리고 극도의 긴장을 견디는 훈련은 자신의 역량의 향상에 의한 만족감과 평상시 삶에 대한 안정감을 부여하기도 한다. 스카이다이버, 초음속 전투기 조종사, F1 레이서, 소방관, 무술가나 프

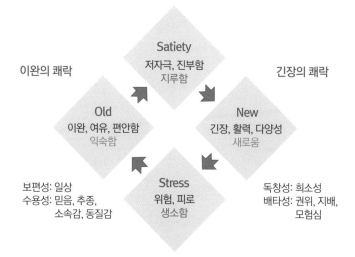

그림 11-3. 긴장의 쾌락과 이완의 쾌락

로격투기 선수들이 여기에 속하는데, 이런 사람들은 평소에는 대부분 점잖고 침착하다. 극한을 겪다 보니 오히려 일상적인 일에는 쉽게 놀라거나 화내지 않는다. 이들은 보통 사람들보다 훨씬 더 안정되어 있고 자제력도 대단하다. 이처럼 긴장만 유지되는 삶도 이완만 유지되는 삶도 바람직하지 않다. 적절한 리듬을 타고 출렁거리는 것이 매력적이다.

사람들은 도시에 살기를 원하면서 시골을 꿈꾼다 ● ● ·

우리는 상반된 욕망의 너울 속에 살아간다. 많은 사람이 은퇴 후 전원 생활을 꿈꾼다. 도시의 혼잡하고 바쁜 생활에서 벗어나 자연에 맞추어 살며 텃밭을 가꾸면서 여유 있게 살아가는 삶을 꿈꾸는 것이다. 그런데 실제로는 전원 생활을 하던 사람들이 다시 혼잡하고 시끄러운 도시로 돌아가는 경우가 많이 있다. 사람은 원래 여럿이면 불편해서 혼자 있고 싶고, 혼자면 외로워서 같이 있고 싶은 존재라서 그런 것 같다.

그리고 도시에 살 때는 당연해 보이던 것이 시골에 가서 없을 때 그 가치를 안다고 한다. 하여간 사람은 복잡한 동물이다. 혼자서는 불안하고 외로워 도시로 몰리면서도 서로 간에 높은 담을 쌓고 떨어져 산다. 군중 속의 외로움이 더 심한 외로움이기도 하다.

혼자는 편안하지만 외롭다. 여럿이면 안심이 되지만 피곤하다. 심지어 가족과 친척마저 부담스럽고 피곤한 존재라 혼자 사는 사람이 늘어난다. 언제부터인지 혼밥도 아주 자연스러운 모습으로 바뀌고 있다. 그런 면에서 카페는 장소가 주목적이고, 커피는 덤일지도 모른다. 갈수록 개인화되는 사회 속에서 카페라는 공간은 혼자가 아니라는 안도감을 준다. 무의식 속에서 누군가와 연결되어 있다는 느낌, 어쩌면 마음 한 곳의 허전함을 채우고 싶은 절실한 몸부림인지도 모르겠다. 점점 사람과 관계 맺기를 피곤하게 느끼고 혼자 자유로운 삶을 추구하지만 소외감은 또 싫은 것이다. 혼자이기를 원하면서 사랑받기를 원하고, 관심받고 싶으면서 시선으로부터 자유로워지고 싶어 한다. 우리 안에서는 항상 개인주의 유전자와 집단주의 유전자 그리고 이기적인 유전자와 이타적인 유전자가 충돌하고 있다.

여러 즐거움 중에서도 생각보다 깊은 감동을 주는 것이 인정받는 즐거움이다. 타인이 나를 인정하고 소중하게 생각해주면 그보다 더 큰 기쁨도 드물다. 인정의 욕구는 인간이면 누구나 가지고 있는 욕구이다. 그것이 부족하면 불안해지고 열등감에 빠지기 쉽다. 그래서 우리는 끝없이 나를 존중해달라고 인정의 투쟁을 벌이기도 한다. 트위터, 인스타그램, 페이스북이 현대인의 삶을 지배한 것도 인간의 인정의 욕구, 나르시시즘을 채워주는 도구이기 때문이다. 기쁨은 시험에서 좋은 점수를 얻거나 원하는 학교에 들어갔거나 원하는 직장에 취업을 했다는 사실에서 오지 않고, 그것으로 주변에서 인정을 받고 칭찬을 받았을 때 온다. 우리는 생각과 행동을 스스로 결정하며 세상을 주도하는 만물의 영장이라고 생각한다. 하지만 생각처럼 주도적이지는 않다. 외부의 칭찬 한마디에 기분이 달라지고, 우리 몸과 뇌는 세로토닌, 도파민 같은 사소한 감정의 분자에도 너무나 쉽게 흔들린다. 고작 분자인데 그렇다.

많은 사람이 음악을 좋아한다 ● ● ● ●

2019년 애플사는 무선 이어폰 '에어팟'을 전 세계에서 120억 달러나 판매했다. 결코 저렴하지 않은 가격에도 불구하고 엄청난 판매고를 기록한 것이다. 이처럼 사람들은 음악을 듣기 위해 많은 비용을 내기를 주저하지 않는다. 콘서트 티켓을 구입하거나 오디오를 구입하기도 하고, 스트리밍 서비스 비용을 지불한다. 하지만 음악을 듣는데 사용되는 시간을 돈으로 환산한다면 이런 것은 약소한 금액이다. 사실 음악은 우리의 생존과 전혀 무관한데도 우리는 매일 밥을 먹듯이 음악을 듣는다. 하루라도 음악을 듣지 않고 지나가는 날이 별로 없을 것이다.

사람들은 젊었을 때 들었던 음악을 평생 듣는다. 음악은 진정한 추억의 소환기인 것이다. 음악에 심취하는 시기는 가장 새로움을 적극적으로 받아들이는 시기이다. 경험을 통해 많은 것과 연결되고 세상에 대한 감각을 키워나가는 시기이다. 그렇게 자신의 정체성을 세우고, 음악에 대한 취향을 만들어 간다.

음악에 도대체 어떤 매력이 있기에 그렇게 많은 사람이 그렇게 깊이 빠져드는 것일까? 사실 언어가 달라도 음악은 통한다. 가사를 몰라도 노래의 느낌은 충분히 공유할 수 있다. 오히려 가사를 잘 몰라서 강한 상상력을 불러오고 느낌이 강해지는 경우도 있다. 음악은 불안을 해소해준다고 한다. 음악을 들으면 생리적으로 스트레스가 낮아지며 우울증 증상도 줄어든다는 연구가 있다. 심지어 슬픈 음악마저 카타르시스를 통해 스트레스를 해소시켜준다고 한다. 운동할 때 동기도 된다. 신나는 음악을 들으면 운동을 더 많이 할 수 있고 더 빨리 달릴 수 있으며 지구력도 좋아진다. 수면을 개선한다고도 한다. 클래식 음악을 들으면 불면증 증상이 완화되고, 명상의 상태로 만들어준다는 연구도 있다. 하지만 사람들은 이런 효과가 없다고 해도 음악을 들을 것이다. 음악을 듣는 진짜 이유가 그런게 아닌 것이다.

그런데 알고 보면 청각만큼 일차원적인 것도 없다. 시각, 미각, 후각에는 다양한 요소가 결합하지만 귀는 단 한 가지 신호만을 처리한다. 바로 '공기 압력의 시간적 진동'이다. 음악은 분명 단순한 파장일 뿐인데 거기에는 가장 깊은 은유가 들어 있다. 시가 그러하듯이 음악도 우리의 감정을 은유를 통해 순식간에 호출한다. 많은 이들이 음악을 듣다가 감정이 북받쳐 본 경험이 있을 것이다. 음악에 필요한 것은 직접적인 설명이 아니다. 시간적으로 묘사되는 리듬을 통해 이미지를 만들고 상상을 불러오면 되는 것이다. 그것이 음악을 들었을 때의 장면과 결합하여 기억으로 저장된다. 그리고 다시 그런 노래를 들으면 그때의 추억도 같이 불려온다. 우리의 기억은 장면적이라 '음악'을 회상하면 '감정'도 그때의 추억과 함께 회상이 되는 것이다. 소리 자극은 시간상에서 흘러가는 이미지이다. 순간적인 인상을 쌓아 하나의 건축물을 만든다.

사실 나는 음악에 아주 무심한 편이었다. 그러다 『맛의 원리』를 쓰면서 "맛은 입과 코로 듣는 음악이다"라고 정의할 정도로 맛과 음악에 공통성을 많이 발견하고 음악에 관심도 생겼다. 서양의 요리사 중에는 음악을 하던 사람이 많다고 한다. 음악에 빠졌다가 겨우 벗어나 다시 음식에 빠진 것이다.

음악에 리듬이 있다는 것은 어느 정도 예측이 가능하다는 것을 의미한다. 우리는 음악을 들을 때 과거와 현재 그리고 미래를 같이 듣는다. 과거의 기억은 새로운 것을 들을 때마다 소환되고 혼합된다. 그래서 뇌과학자 제럴드 에델만Gerald Edelman은 "모든 지각은 어느 정도 창조의 행위이며, 모든 기억의 행위는 어느 정도 상상의 행위다"라고 말했다. 리듬은 현재를 통해 과거를 불러와 미래를 예측하는 기능이 수행된다.

사람은 기대에 부응하는 전개에 익숙함과 편안함을 느낀다. 그래서 적당히 익숙한 음악을 선호한다. 하지만 지나치게 익숙함이 반복되면 지루함을 느끼고 새로움을 찾는다. 음악은 기대와 늘어짐, 긴장과 이완, 각성과 해소, 강함과 약함의 적절한 변화와 배치로 리듬감을 주고 그것으로 즐거운 중독을 만든다. 맛은 파동이 아닌 맛과 향기 분자를 사용한다는 점만 다르지 즐거움의 요소는 음악과 정말 많이 닮았다.

옛날 사람들은 힘들면 춤추고 노래했다. 리듬이 현실을 견디는 힘을 부여한 것이다. 어릴 때는 자장가를 통해 엄마와 연결되고 커서는 구성원들과 함께 노래하고 춤추면서 유대를 강화했다. 노래와 춤은 내부 갈등을 억제하고 다른 집단과 혈족에 맞서 싸울 때 사기를 북돋우는 역할을 했다. 오늘날의 응원가와 크게 다르지 않다. 인류 모두의 뇌에는 음악회로가 기본적으로 배선되어 있는 것이다.

많은 사람이 여행을 하고 노래를 듣는 이유는 결국 감정의 관리에 효용이 크기 때문이다. 사실 우리 뇌의 신경세포는 각자 개별적으로 작동하지 않고, 여러 신경세포가 펄스에 따라 박자를 맞추어 연합하여 작동하고, 우리의 심장도 박자에 맞추어 뛰고 있다.

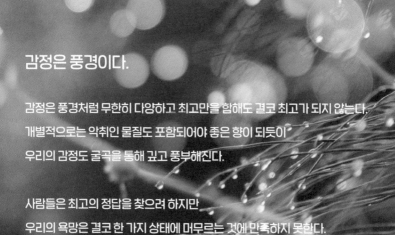

감정은 풍경이다.

감정은 풍경처럼 무한히 다양하고 최고만을 합해도 결코 최고가 되지 않는다.
개별적으로는 악취인 물질도 포함되어야 좋은 향이 되듯이
우리의 감정도 굴곡을 통해 깊고 풍부해진다.

사람들은 최고의 정답을 찾으려 하지만
우리의 욕망은 결코 한 가지 상태에 머무르는 것에 만족하지 못한다.
쌍안정성(bistability)이 있어서
오히려 상반된 욕망을 적당히 오가는 것이 자연스럽다.

2.
우리는 이성적이자
감정적이다

우리 뇌에는 이성과 감성이 동시에 작동한다 ● ● ●

미국 캔자스 주립대학 킵 스미스Kip Smith 교수는 2003년
에 특이한 사실을 발견한다. 실험 대상자로 하여금 위험
하거나 애매한 상황 속에서 고민을 하게 하고 뇌가 활동
하는 모습을 fMRI로 관찰한 결과, 사람이 고민을 할 때
신중한 판단을 하는 뇌 부위와 감정적 판단을 하는 뇌
부위가 동시에 작동한다는 사실을 알게 된 것이다. 즉
이성과 감정이 따로 있지 않고 같이 작용한다는 말이 된
다. 감정의 영향이 없을 때 최선의 판단을 내릴 수 있다
는 것은 사실이 아니다. 오히려 감정이 우리에게 쏟아지
는 정보들을 걸러내고 선택하게 만들어준다. 또한 어떤
정보가 중요한 것인지, 관련 있는 것인지, 설득력이 있
는지, 기억해야 하는지를 알려준다.

사실 이성과 감정은 서로 분리될 수 없는 동전의 양면과 같은 것이다. 인간은 이성과 감성이 적절히 조화될 때 정상적으로 사고를 할 수 있다. 책을 읽을 때 뇌는 단어를 이해하고 문장의 의미를 분석하지만, 한편으로는 주인공에게 자신의 감정을 이입해 기뻐하고 때로는 슬퍼하며 애절함과 감동을 느낀다. 책과 영화에 감동하는 것은 뇌의 감정과 이성이 동시에 작동하기 때문에 가능한 것이다. 이성과 감정을 나누는 정확한 선이나 벽도 없다. 실제로 모든 것에 언제나 함께 한다.

감정은 특정 생각의 길을 터주고, 생각은 감정을 태어나게 한다. 감정은 우리를 인간답게 만들며, 세상에 의미를 부여한다. 감정을 느낄 수 있다는 것은 인간이 될 수 있다는 것을 의미한다. 감정을 기반으로 해야만 사랑, 희생, 큰 꿈과 위대한 행위가 자라날 수 있다. 그러기에 우리는 평소에 감정을 잘 가꾸어야 한다. 우리는 감정을 잘 되돌아 보고 좋은 감정에 익숙하고 능숙해져야 한다. 감정은 뇌의 좀 더 원시적이고 깊은 부분에 있기 때문에 이성보다 우리에게 더 많은 영향을 미친다. 그런 감정을 달래고 다듬는 도구가 이성이다.

본능적이면서 이성적이다 • • •

이성은 오히려 행복에 방해가 될 수 있다. 흔히 하는 긍정적으로 생각하라는 말은 그럴 듯한 얘기지만 현실성은 매우 낮다. 불행한 사람이라고 긍정의 가치를 모르는 것은 아니다. 이들 역시 긍정의 중요성을 알고 긍정적으로 생각하고 행동하고 싶어 한다. 다만 몸이 따라주지 않을 뿐이다.

로돌프 R. 이나스는 『꿈꾸는 기계의 진화』를 통해 "생각은 내면화된 운동이다"라고 말했다. 여기에 감정을 추가하면 "생각은 내면화된 운동이고, 감정이 운동의 방향을 정한다"가 될 것이다. 우리의 행동은 감정이 결정하고 이성이 변명하는 수준이다. 우리의 생각과 행동은 나름 체계가 있고 일관성도 있어서 뇌의 중앙에 책임을 맡고 통제하는 요소가 있을 거라 생각하지만, 뇌 어디에도 그런 부위는 없다. 미국의 철학자 대니얼 데닛은 "의식은 뇌에서 수많은 원고_{또는 이야기} 가 병렬적으로 처리되는 과정에서 하나의 이야기만 채택되는 것과 비슷하다"고 설명한다.

미국 드라마 제작 방식을 보면 한 편의 에피소드를 위해 여러 명의 작가가 각자의 스토리로 경쟁하고 경합을 통해 최고의 스토리가 선정되면, 나머지 모든 작가가 합류해 세련되게 다듬는다. 마찬가지로 우리의 뇌도 무수한 선택이 가능하지만, 기억이 만든 뇌의 회로에서 가장 자연스러운 흐름대로 흐른다. 딱히 통합의 주체가 없고 매번 스토리가 편집되고 달라지지만, 적절히 인과관계가 추적되므로 우리는 마치 단일한 의식 즉, 내부에 모든 것을 관찰하고 통제하는 작은 난쟁이가 있는 것처럼 행동할 수 있다. 감정이 이야기의 흐름을 잡고 이성은 마치 그것이 내가 결정한 것처럼 느끼게 해주는 역할 정도를 하는 셈이다. 그러니 평소에 본능과 감정을 운동하듯이 훈련해야 한다.

행복도 그렇다. 행복의 중요성을 모르는 사람은 없다. 다만 뜻대로 되지 않을 뿐이다. 행복은 생각이 아니다. 행복을 추구하라는 충고를 듣는다고 행복해지는 것은 아니다. 별생각 없이 느끼는 대로 하고, 하고 싶은 대로 사는 것 또한 행복이다. 호흡을 하겠다고 생각하고 하는가? 자손을 만들기 위해 억지로 섹스를 하는가? 아니다. 저절로 움직인다. 나도 모르는 사이에 자동으로 이뤄진다. 행복은 생각이 아니다.

3.
항상성은 상반된 욕망의
동적인 균형 상태

이중성은 본질적인 것이다.
금욕과 탐욕, 절제와 일탈 ● ● ●

생각이 많으면 행복이 멀어지고, 생각이 없으면 의미가 멀어진다. 욕심을 줄이면 불만도 줄어 행복이 쉬워지나 재미도 줄어든다. 우리가 숨을 쉬고 있는 한 매일 매 순간 욕망과 갈등하면서 산다. 그래서 많은 철학자들이 욕망의 문제와 집요하게, 또 치열하게 싸워왔다. 금욕주의와 쾌락주의 중에 어느 것이 더 정답에 가까울까? 플라톤은 이성 Logos 이 욕망을 제어하고 지배해야 한다고 보았고, 이것을 이성 중심적 금욕주의라고 할 수 있다. 이런 금욕주의가 서양 철학사의 주류를 이루었다. 이것에 반대하는 서양의 철학자들은 니체, 바타유, 들뢰즈 등이다. 이들은 금욕주의가 노예의 길이라고 비판했다.

하지만 쾌락주의와 금욕주의는 반대말이 아니다. 고대의 쾌락주의자인 에피쿠로스가 최고의 열락으로 꼽은 것은 육체의 쾌락이 아니라 정신의 평정Ataraxia 이었다. 금욕주의도 마찬가지다. 스토아학파의 금욕Askesis 은 중세처럼 자기 수양의 목적이 아니라 변덕스러운 감정에서 벗어나 무감Apatheia 의 경지에 이르기 위한 기술이었다. 쾌락도 억압도 아닌 마음의 평화만큼 감미로운 것도 없다.

항상성은 원래 좌충우돌하는 것이다 ● ● ·

생명 유지의 가장 근본적인 시스템이 '항상성Homeostasis '이다. 환경이 좋을 때나 안 좋을 때나 적절한 상태를 유지하게 한다. 설정보다 높아지면 낮추려 노력하고, 낮아지면 높이려 노력하여 일정한 수준을 유지한다. 그래서 생명체는 무리 없이 생명을 유지할 수 있다. 이런 항상성은 우리 마음에도 있다. 우리의 마음속에 항상성도 상반된 상태를 오가는 것이지 한 가지 상태를 계속 유지하는 것이 아니다.

밀레니얼 세대는 1980년대 초반부터 2000년대 초반까지 출생한 세대를 넓게 아우르는 말이다. 이런 밀레니얼 세대의 특성을 '개인주의'나 '효율성' 같은 것으로 단순화하는 경우가 많은데, 사실 그렇게 단순하지는 않다. 이들은 개개인의 삶의 경계를 엄격히 지키고자 하는 동시에 사회의 공정성을 중시하고, 끊임없이 서로 연결되고자 하는 특성도 강하다. 자기중심의 삶도 중요하지만 타인과의 조화로운 관계도 무척 중시하며, 타인에게 베푸는 선의나 세상에 기여하는 삶에 큰 가치를 부여한다. 하지만 이런 마음의 갈등은 이전 세대도 존재했고 앞으로도 영원히 있을 것이다. 과거에는 좌면우고할 시간이 없이 한 방향으로 돌진하는 모습만 표출되었고, 지금은 공통의 목표나 주도적인 이념이 약화되어 다양성이 특징처럼 표출된 세대일 뿐이다.

그런데 다양성의 시대가 무조건 만족감이 높은 것은 아니다. '통일되고 확고한 정체성'을 가지기 힘든 시대라 모든 가치관은 각각 하나의 '관점'일 뿐이고, 존중받아야 하지만 하나의 의견일 뿐이기도 하다. 따라서 다양성 때문에 매일 같이 충돌하고, 자기중심이 없이 표류하는 불안한 세대일 수도 있다. 확실한 것은 하나의 가치관이 폭력적으로 다른 것들을 짓누르는 시대로 돌아갈 수는 없다는 것이다. 다양한 사람들이 다양한 색깔을 가질 수 있는 세상이 좀 더 바람직하고 그것 때문에 채워지지 못하는 불안감을 해소하는 지혜도 필요한 것이다.

4.
욕망은 투쟁의 대상이 아니라
타협의 대상이다

환경을 개선하면 뇌도 바뀐다 ● ● ●

중독은 단순히 중독된 개인만의 책임이 아니다. 우리의 뇌와 신체가 더 많은 쾌감을 찾도록 설계되어 있고, 중독된 사람들의 대부분은 그저 뇌의 쾌감중추가 시키는 대로 자연스럽게 행동했을 뿐이기도 하다. 우리는 심장병 환자에게 발병의 책임을 묻지 않는다. 하지만 적절한 식사와 운동, 치료제 복용을 통해 병에서 회복하는 것은 환자의 책임이다. 중독의 치료도 심장병의 치료와 같은 방식으로 이루어져야 맞을 것이다.

학생들이 게임에 중독이 되면 그것이 꼭 학생만의 잘못일까? 학생의 자제도 필요하지만, 청소년들에게 가해지는 스트레스가 더 큰 문제다. 억지스러울지 모르지만 공부가 게임보다 재미있다면 공부에 중독되지 게임에 중독되지 않을 것이다. 주변에 게임 말고도 즐거운 요소가 많으면 게임에 빠질 위험이 줄고 빠져나오기도 쉬워진다. 개인의 탐닉은 자유지만, 쾌감은 인간에게 순순하게 주어지지 않으며 대가를 요구한다.

중독뿐 아니라 불안, 슬픔, 공포, 혐오, 시기, 분노 같은 부정적 정서도 필요로 인해 만들어진 감정이다. 불안은 우리를 괴롭히는 불쾌한 정서지만 태풍이나 호랑이 같이 곧 닥칠 위험에 효율적으로 대비하게 해 준다. 우리의 조상 가운데 불안을 전혀 느끼지 못했던 사람은 스트레스 없이 태평하게 살았겠지만, 먹을 것을 비축하지 않아 죽거나 호랑이 밥이 되기 쉬웠을 것이다. 예전에는 마음에 질병이 있으면 귀신에 들렸다고 생각했다. 오늘날은 생물학 현상이라는 인식이 널리 받아들여져 육체적 질병을 약물로 치료하듯이 일부 마음의 병도 약물로 치료한다. 우리의 느낌과 감정은 몸에서 출발한 것이라 몸이 건강해지면 감정의 조절도 쉬워진다. 몸의 컨디션이 좋지 않은 사람은 감정에 휘둘릴 가능성이 높다. 감정은 무의식의 산물이라 직접적인 통제는 쉽지 않고 몸의 컨디션 조절과 같은 간접적인 방법이 효과적이다.

인류사를 통틀어 인간이 전쟁을 하지 않은 시기는 없다. 그렇다 보니 전쟁에 나가는 병사에게 마약을 지급하는 경우가 많았다고 한다. 마약은 일시적으로 집중력을 올리고, 공격성이 강화되며, 오랜 시간 수면을 하지 않고도 버틸 수 있고, 고통에도 둔감해진다. 술과 아편이 그런 용도로 쓰이다가 19세기에 화학이 발전하면서 아편의 업그레이드 버전인 모르핀이 등장한다. 2차대전에는 메스암페타민^{필로폰}이 추가되고 2003년 이라크 전쟁 때도 신경안정제 등이 처방되었다. 그런데 전쟁시 마약에 노출되었던 군인의 90%는 일상으로 돌아오면 마약을 끊는다고 한다. 전쟁 중에는 너무나 열악한 환경 속에서 선택의 여지가 없었지만, 일상으로 돌아오면 선택의 폭이 넓어지기 때문이다.

심리학 교수 브루스 알렉산더의 유명한 실험이 있다. 우선, 우리에 쥐를 넣고 두 개의 물병을 준다. 한 병은 그냥 물, 다른 한 병은 헤로인이 들어 있다. 쥐들은 대부분 마약이 든 물을 선택하고 망가져 간다. 당시 알렉산더 교수는 이런 결과를 보며 한 가지 사실을 깨달았다. 쥐에게 다른 선택권이 없었다는 사실이다. 그래서 그는 쥐 공원을 만들었다. 쥐들에게 천국 같은 놀이 공간을 만들고, 충분한 치즈를 공급하고, 친구들도 많이 넣어주었다. 그랬더니 쥐들은 마약이 든 물병을 좋아하지 않았다. 상황이 운명을 바꾼 것이다.

그런 측면에서 보면 비만도 환경에 의한 전염병이란 이론이 나름 설득력 있게 들린다. 미국의 비만은 진앙지인 앨라배마주 그린 카운티를 중심으로 애팔래치아 산맥 주변지역과 미시시피강 남부 협곡 등 두 곳에서 지름 1천km의 집단화 현상이 나타나기도 했다. 주변에 비만한 사람이 많은 지역은 비만 인구가 빨리 증가한다. 리버만 교수는 사회를 가꾸는 활동이 비용 면에서 효율적이라고 말한다. 사회적 연결의 회복을 위한 친구와 커피 한 잔 마시기, 이웃과 대화하기, 자원봉사 다니기 등은 특별히 많은 비용을 필요로 하지 않으면서도 삶을 상당히 많이 변화시킨다.

환각사지 치료법의 교훈 ● ● ●

'환각사지Phantom limb'는 수술이나 사고로 갑작스럽게 손발이 절단된 경우, 없어진 손발이 마치 존재하는 것처럼 생생하게 느껴지는 현상을 말한다. 그런데 이것은 단순히 기이한 감각에서 끝나는 것이 아니라 때로는 극심한 고통을 일으키기도 한다. 넬슨 제독도 전투에서 오른팔을 잃은 후, 손가락이 손바닥을 후벼 파는 듯한 통증을 경험했다고 전해진다. 존재하지 않는 손이다 보니 손가락을 펴서 손바닥을 파고드는 것을 막을 수도 없었다. 하지만 그 고통이 너무 심해 도저히 견딜 수가 없어서 그 환각의 손을 제거하고자 온갖 노력을 다했다. 의사들은 절단 부위의 밑동을 계속 잘라나가거나, 척수로 들어가는 모든 감각 신경을 잘라버리는 '무지막지한' 치료를 했지만 대부분 효과가 별로 없었다. 환상사지는 절단 부위가 아닌 재배선된 두뇌에 존재하기 때문이다.

뇌에는 신체에 대한 지도가 있는데, 이 지도는 고정되어 있지만 완전히 고정된 것은 아니다. 특히 팔이나 다리가 절단되면 48시간 이내에 뇌의 신체 지도에서 재구성이 일어난다. 절단된 부위에서 더 이상 감각 신호가 들어오지 않으면 그 부위를 담당하던 신경세포는 생존을 위해 근처의 자극이 입력되는 지역으로 슬그머니 배선을 바꾸는 것이다. 그래서 존재하지 않는 사지에 대하여 도저히 존재하지 않는다고 믿을 수 없는 생생한 환각을 만들어 낸다.

이렇게 바뀐 배선 때문에 뇌에만 존재하는 환각사지를 어떻게 하면 제거할 수 있을까? 이것을 처음으로 성공한 사람이 바로 라마찬드란 박사이다. 아무도 성공하지 못한 환각사지의 제거를 아주 간단한 장치만 가지고 성공한 것이다. 그의 책『두뇌실험실』에 설명된 방법은 간단하면서도 매우 기발하다. 만약에 왼팔이 없는 환자라면 거울을 이용해 정상적으로 존재하는 오른팔을 비춰서 2개의 팔이 모두 있는 것처럼 보이게 한다. 그리고 움직일 수 없는 환각의 왼팔 대신에 움직일 수 있는 오른팔을 움직여 환각의 팔과 똑같은 모양이 되게 한다. 사소해 보이는 행동이지만 환각사지와 일치하는 순간 환자의 뇌는 놀라운 충격에 빠진다고 한다. 잘려나간 팔이 오른팔을 통해 완벽하게 되돌아온 것이다.

본인은 의식적으로 그것이 속임수임을 완벽하게 알고 있다. 하지만 뇌는 의식보다 자동화된 무의식이 지배하므로 잘려나갔던 손이 되돌

아왔다는 것을 믿지 않을 수 없게 된다. 머릿속에 존재하는 환각사지를 없애지 못하는 것처럼 그 순간에 잘려나갔던 팔이 돌아왔다는 감각을 없앨 수도 없다. 생각이 아니라 행동이 중요한 것이다. 오른팔을 천천히 움직여서 환각사지와 다른 모양으로 하면 뇌에는 상반되는 두 신호가 도착한다. 시각 정보는 팔이 움직인다고 하고, 체감각은 팔이 없다고 한다. 곤경에 빠진 뇌는 이 갈등을 해소하기 위해 '팔이 이상하다. 팔이 존재하지 않는다'라고 말하기 시작한다. 이런 과정을 일정기간 반복하면 환상사지도, 통증도 천천히 사라진다고 한다. 마음속으로 아무리 손이 없다고 해도 믿지 않았던 뇌가 시각적 착각은 믿고, 믿음과 배신을 반복하는 가운데 스스로 납득하고 체념하여 치료가 되는 것이다.

나는 이 환각사지 치료법의 이해에 우리의 뇌가 어떻게 작동하는지에 대한 많은 힌트가 있고, 마음의 질병의 치유에도 실마리가 있다고 생각한다. 생각으로 생각의 질병을 치유하기는 힘들고, 적절한 뇌의 자극, 증거, 운동에 의해 치유가 가능하다는 것이다.

어떤 생각이든 행동으로 옮기지 않는 한 우리 삶에 직접적으로 영향을 끼치지 못한다. 생각은 생각일 뿐이고 세상의 어떤 것도 달라지게 하지 않는다. 행동이 세상을 달라지게 하고 우리의 마음마저 달라지게 한다. 예를 들어 걷기와 같은 단순한 행동이 우울증을 극복하는 결정적인 시작이 될 수 있는 것이다. 뇌는 행동을 위한 것이고, 우리의 몸 상태를 감각하고 관리하는데 많은 시간과 노력을 쓴다. 따라서 몸을 먼저 바꿈으로써 생각도 바꿀 수 있다. 중독은 항상성 때문에 만들어지고 기억 때문에 반복된다. 중독은 우리의 생존에 가장 절실한 기능에 의해 만들어진 것이라 차단이 힘들다. 그런데 작은 행동을 반복하면 우리 몸에 새로운 리듬이 생기고 마음에도 새로운 리듬이 생긴다. 흐트러진 마음이 리듬에 따라 제자리를 찾기 쉬워진다. 마음은 투쟁의 대상이 아니라 달래고 타협해야 하는 대상이다.

PART TWELVE

POWER OF EMOTION

감정의 기원과

감정이

다양해진 이유

1.
감정은 무엇에서
시작되었을까?

감정의 시작은 항상성이다(?) ● ● ●

복잡해 보이는 현상도 기원을 추적하고 패턴을 정리하다 보면 생각보다 단순한 원리와 만나게 된다. 그리고 단순한 원리가 여러 이유를 만나 다양해진다. 뇌에 대한 여러 특성을 지각의 원리라는 간단한 틀로 정리해 보았으니 이제 마지막으로 우리에게 왜 그렇게 다양한 감정이 있는지에 대한 내용을 정리할 순서인 것 같다.

사전에 등장하는 감정의 용어는 영어에 2,600종이고, 한글은 430여 종이라고 한다. 우리에게는 그만큼 다양한 감정이 있으며, 때로는 잔잔하지만 또 때로는 우리를 소리치고 환호하게 하는 감정이나 완전히 바닥에 처박아 견디기 힘들게 하는 감정도 있다. 이런 감정들은 도대체 언제 어디에서 시작되었을까? 가장 단순한 생명체인 세균도 감정을 가지고 있을까? 물론 인간 같은 감정이야 인간만 가지고 있겠지만, 단순한 생명체도 최소한의 감정적인 요소는 가지고 있을 것이다. 단세포 생명체에는 냄새를 맡고 영양원의 농도가 높은 쪽으로 운동을 하는 기능이 있다. 이것이 음식을 먹고 싶은 감정이라고 할 수 있을까? 안토니오 다마지오 박사는 『느낌의 진화』를 통해 느낌의 시작으로 단세포 생물에게도 있는 항상성을 꼽는다.

생명 유지의 가장 근본적인 시스템은 '항상성 Homeostasis'이다. 우리의 체온, 혈압, 삼투압, 체중 등을 일정한 수준으로 유지하여 생명을 유지할 수 있게 한다. 항상성이 있다는 것은 변동의 요인이 있다는 것이다. 항상성에서 벗어나면 부정적인 피드백을 받고, 항상성이 적절한 수준으로 긍정적인 피드백이 있어야 적절하게 작동할 수 있다. 항상성이 신경화학 메커니즘을 이용해 스트레스를 줄이고, 쾌감을 만들어 내고, 인지적 유동성을 높여 생존에 유리한 방향으로 선택되어 왔다는 것이다. 이런 항상성은 세균을 비롯한 모든 생명에 있는 기본 메커니즘이다. 다마지오 박사는 어쩌면 최초의 생명체가 마주했을 항상성의 요구가 유전물질보다 먼저일 수 있다고 주장한다.

여러 세포로 된 다세포 동물이라면 여러 세포의 조화된 움직임이 필요하다. 통합적으로 운동의 방향을 조절할 시스템이 필요한 것이다. 먹이를 향해서 이동하고, 적이나 위험물이 있으면 회피하는 조절된 움직임이 필요하다. 이를 위해서는 조절기능을 통합적으로 관리할 수 있는 신경세포의 모임이 있어야 한다. 그런 신경세포의 연합이 결국 뇌가 되는데, 정교한 판단과 동작을 위해서는 보다 거대한 뇌가 필요하다. 뇌의 네트워크가 크고 복잡해질수록 일일이 신경세포의 직접적인 배선을 통해 통제하는 것이 힘들어진다. 직접적인 배선 말고 간접적인 연결도 필요해지는데 신경조절물질이나 호르몬을 이용하는 방법이 가능하다. 신경세포의 직접적인 연결에는 아세틸콜린, 글루탐산 같은 신경전달물질이 사용되고 간접적 또는 통합적 신호를 위해서 도파민, 세로토닌 같은 신경전달물질이나 인슐린, 렙틴 같은 호르몬도 역할을 한다. 몸에서 렙틴이 부족하면 뇌의 시상하부는 허기를 느낀다. 호르몬이 감정에도 역할을 하는 것이다. 생존과 번식에 유리한 행동을 하면 뇌는 그 상태를 잘 기억하고 반복하려고 신경연결을 강화한다.

리사 펠드먼 배럿도 쾌감과 불쾌감은 '내수용-Interoception'이라고 불리는 우리 내부의 지속적인 과정에서 비롯한다고 말한다. 내수용은 우리 내부의 기관과 조직, 혈액 속 호르몬, 면역체계 등에서 발생하는 모든 감각에 대한 뇌의 표상이다. 우리 몸은 항상 역동적으로 움직이고 있다. 심장에서 보내는 혈액은 정맥과 동맥을 힘차게 흘러가고, 허파는 계속 공기로 채워졌다 비워지기를 반복한다. 위에서는 음식을 소화 중이다. 이런 내수용성 활동을 통해 쾌감과 불쾌감, 평온함과 예민함 그리고 완전히 중립적인 느낌 같은 기본 느낌들이 산출된다. 그것이 감정의 시작이다.

감정을 행동의 지휘자라고 생각하면 가장 근본적인 출발은 항상성이 맞을 것이다. 산다는 것은 항상성을 유지하는 것인데, 항상성이 위험해지면 그것을 부정적으로 느껴서 항상성이 유지되게 하는 것이 생존의 가장 기본적인 요소다. 여러 세포로 된 다세포 동물이라면 여러 세포의 조화로운 협력이 필요하다. 통합적으로 운동의 방향을 조절할 시스템이 필요한 것이다. 먹이를 향해서 이동하고, 적이나 위험물이 있으면 피하는 조절된 움직임이 필요하다. 그런 조절기능을 통합 관리하기 위한 신경의 모임이 결국에는 뇌가 되고, 거대하고 복잡한 뇌를 가질수록 감정이 복잡해진다. 생존과 번식에 유리한 행동을 하면 뇌는 그 상태를 잘 기억하고 반복하려는 시스템이 필요하다. 기억과 감정은 아마 그런 식으로 만들어지기 시작했을 것이다.

그래서 감정은 단지 신체 상태에 대한 뇌의 해석일 뿐이라는 주장도 있다. 즉 외부자극이 신체 상태를 바꾸고 그것에 따라 감정이 달라진다는 것이다. 사실 감정은 육체와 뗄 수 없다. 몸이 아프면 통증을 느끼고 우울해지며, 몸에 활력이 넘치면 저절로 기분이 좋아진다. 재미없는 만화나 영화를 보면서도 일부러 인위적인 미소를 지으면 실제로 더 재미있게 느껴진다. 감정의 시작은 몸의 복잡하고 조화로운 동작의 필요성일 가능성이 높다.

이런 항상성을 바탕으로 더 나은 상태로 방향성을 추구할 수 있다. 생명체는 항상 중립적인 균형과 안정을 추구하는 것이 아니라 좀 더 유능하고 향상된 상태를 향해 스스로를 상향 조절하는 기능성도 가지고 있다. 방향성이 있는 항상성 시스템이 생명인 것이다.

몰입이나 중독성도 항상성 때문이다 ● ● ● ●

감정의 기원을 항상성으로 보고 중독을 항성성의 부작용으로 보면 몰입, 우울증도 간결하게 설명이 가능해진다. 항상성의 기본 모드는 쾌감이 충만한 흥분된 상태가 아니라 불편함이 제거된 잠잠한 평온 상태이다. 쾌감을 일으키는 도파민이 지나치게 많을 경우, 항상성은 어찌되었거나 평온한 상태를 만들어야 하는데, 이때 가장 간단한 방법이 도파민의 분비를 줄이거나 도파민 수용체를 줄여서 같은 양이어도 적게 흥분하게 만드는 것이다.

마약은 도파민의 재흡수를 억제하거나 도파민의 분비를 촉진하는데, 그러면 뇌는 도파민 수용체를 줄이게 되고, 그 결과 동일한 도파민에 대한 반응이 줄어 과도한 쾌감이 사라지게 된다. 문제는 도파민은 마약뿐 아니라 모든 기쁨에 관여하는 물질이라 도파민에 대한 감수성이 줄면 일상의 행복이 무미건조해진다는 것이다. 그러면 더욱 도파민 분비를 원하게 되어 마약을 갈망하게 만드는 악순환에 빠져든다. 결국에는 약물 말고는 행복할 수 없는 가엾고 딱한 처지가 되는 것이다.

항상성은 일정한 수준을 만드는 역할을 하지만, 때로는 그 세팅치가 바뀐다. 비만이 대표적인 현상이다. 우리는 매일 1.5kg 정도의 음식을 먹는다. 1년이면 500kg 이상을 먹는 것이다. 어떤 사람은 600kg을 먹고 어떤 사람은 400kg을 먹는다. 개인적으로도 어떤 해에는 50kg을 덜 먹고 어떤 해에는 100kg을 더 먹기도 한다. 그렇다고 해도 우리 몸에 지나친 스트레스만 가하지 않는 한 1년에 몇십kg씩 변하거나 하지 않는다. 기껏해야 고작 1kg이 안 되게 변한다. 문제는 매년 꾸준히 증가하는 쪽으로 세팅치가 바뀐다는 것이다.

체중은 그래도 늦게 변한다. 몰입은 더 빨리 빠져든다. 우울증은 몰입과 방향만 다르지 같은 패턴으로 작용한다. 몰입은 긍정적이라 문제가 적고, 우울증은 부정적이라 심각할 뿐이다. 우울증은 심리의 문제가 아니라 뇌 질병이다. 감정적 상해는 골절상보다 더 심각한 손상을 입힐수 있고, 더 오래 지속되며, 더 많은 미래의 상해를 야기한다. 이들 항상성이 무의식으로 작동하고 의식의 통제를 받지 않는다. 우리가 의지로 뇌의 체중 세팅치를 바꿀 수 있다면 비만의 문제를 간단히 해결할 수 있을 텐데, 무의식은 의식의 개입을 허용하지 않는다. 우울증도 그렇다. 비만과 우울증에는 운동이 도움된다는 공통점도 있다.

감정의 기본은 쾌(快)와 통(痛) ● ● ●

감정의 종류는 정말 다양하다. 그렇다고 이런 감정 하나하나가 뇌에서 제각각 다른 시스템에서 만들어졌을 리는 없다. 감정도 색처럼 몇 가지 기본 형태가 있고, 그것이 적당한 비율로 섞여 만들어졌을 것이다. 그래서 감정의 기본형을 찾으려는 노력이 꾸준히 많았다.

20세기 초반의 행동주의 심리학자 존 브로더스 왓슨은 감정이 단 세 종류라고 주장했다. 공포, 분노, 사랑이다. 보통은 기본적인 감정으로 공포, 분노, 기쁨, 슬픔, 혐오를 꼽고, 슬픔의 반대말인 기쁨 대신에 사랑과 질투를 넣는 학자도 있고 죄책감을 추가하는 경우도 있다. 공포는 도주 반응을 유발한다. 혈압이 오르고 맥박이 뛰며 신경이 곤두선다. 분노는 공격성을 유발한다. 소리치고 때리고 부수고 죽이는 행동이다. 슬픔은 기쁨의 반대다. 우울한 마음이 들고 무기력해지지만, 한편으로는 불필요한 에너지 소모를 줄여주는 역할도 한다. 내면으로 가라앉는 동안 에너지를 비축하고 상황이 나아지기를 기다리는 것이다. 혐오는 좋지 않은 사물이나 사람을 피하는 것이다. 썩은 음식이나 더러운 장소는 꺼리게 되어 감염을 막고 상한 음식을 피한다. 이처럼 감정은 생존본능과 밀접하게 연결되어 있다. 먹기, 배설, 성행위, 투쟁 등 생존 내지 생명유지와 관련된 행동에서 긴장의 즐거움과 이완휴식의 즐거움을 느낀다.

인간의 감정은 정말로 다양하지만 기본이 되는 것이 '쾌快'와 '통痛'일 것이다. 쾌快는 즐겁다, 좋다, 아름답다, 상쾌하다, 쉽다와 같은 기분으로 행동을 유도한다. 통痛은 우울하다, 싫다, 추하다, 나쁘다, 불쾌하다, 어렵다 등을 통해 행동을 억제한다. 결국 생존과 번식에 유리한 행동에는 쾌감으로 격려하고, 불리한 행동에는 불쾌감/통증을 만들어 억제하는 것이 감정의 시작이다. 음식을 먹는 것이 즐겁지 않고 괴롭다면 결국 굶어죽을 것이고, 섹스가 통증이라면 그 종족은 유지될 수 없다.

쾌快: 아름답다, 좋다, 상쾌하다, 쉽다.

　　→ 행동 유도 생존과 번식에 유리한 조건

통痛: 추하다, 나쁘다, 불쾌하다, 어렵다.

　　→ 행동 억제 생존과 번식에 불리한 조건

감정의 색깔은 맥락에서 나온다 ● ● ●

쾌감은 뇌를 가진 동물의 공통적이고 기본적인 감정이다. 길이가 1mm 이고 뉴런이 302개뿐인 예쁜꼬마선충도 기초적인 쾌감회로를 가지고 있다. 이 벌레는 세균을 먹고 사는데, 냄새를 통해 세균을 찾아낸다. 그런데 도파민이 관여하는 8개의 핵심 뉴런 집단을 침묵시키면 세균의 냄새는 감지해도 먹이 활동에 무관심해진다. 우리의 뇌에 있는 쾌감엔진도 단 한 가지이다. 그 회로는 안아준다든지 부드러움을 느끼는 것과 같은 감각에도 반응하고, 먹을 때의 즐거움, 음악을 들을 때의 즐거움, 운동을 할 때의 즐거움에도 반응한다. 각각의 활동에 연결된 추가적 회로 즉, 맥락에 따라 의미만 달라지는 것이다.

우리 뇌에는 기능마다 다른 전용의 신경세포가 있는 것이 아니다. 컴퓨터가 동일한 메모리를 각각 나누어 프로그램을 실행하듯 뇌의 신피질을 나누어 쓴다. 따라서 신경세포를 관찰해서는 도저히 그 기능을 알수 없다. 기능은 신경세포가 아니라 연결에 의해 결정되는 것이기 때문이다. 뇌에는 감정별로 각각의 감정엔진이 따로 있지 않다. 맛있는 음식, 영성을 통해 거대한 존재와 연결되어 있는 듯한 환희, 운동을 통해 느끼는 '러너스 하이Runner's high', 친구들과의 떠들썩한 술자리의 즐거움 등이 완전히 다른 경험 같지만 동일한 도파민 회로의 산물이다. 따라서 '격리된' 쾌감회로의 활성 즉, 마약을 통해 보상체계만 자극하여 발생하는 쾌감은 무색무취의 깊이 없는 쾌감을 만들 뿐이다. 실제로 즐거웠을 때 쾌감이 그토록 강력한 이유는 다른 뇌 영역들과의 상호 연결을 통해 기억, 연상, 감정, 사회적 의미, 장면과 소리와 냄새 등으로 쾌감을 아름답게 장식하기 때문이다. 쾌감회로는 최소한의 필요조건일 뿐 충분조건은 되지 못하는 것이다. 쾌감의 마력은 쾌감회로와 맞물려 있는 여러 회로에서 나온다. 그래서 쾌감의 결과물도 복합적이다. 누군가는 술이나 담배, 게임, 도박, 폭력, 섹스, 음식을 탐닉하며 인생을 낭비하게 했고, 누군가는 불굴의 의지와 노력으로 학문적, 문학적, 예술적 성취를 이루게도 한다.

단순한 기본 감정에서 다양하고 섬세한 감정이 만들어지는 것은 우리 눈에 있는 시각 수용체의 종류가 고작 3종인데 우리가 그것의 혼합으로 1,000만 종이 넘는 색을 구하는 능력을 가진다는 것에서도 그 힌

그림 12-1. 감정의 기원

트를 얻을 수 있다. 3가지 원색만 있으면 온갖 색을 만들 수 있다는 것은 예전이라면 물감을 섞어봐야 알 수 있지만 지금은 컴퓨터의 색상판에서 RGB값을 조정하는 것으로 쉽게 확인해 볼 수 있다. 그리고 다른 어떤 기기에서든 그 RGB값을 넣으면 같은 색이 재현된다.

호르몬 하나로도 감정의 색깔을 정말 다양하게 바꿀 수 있다 ● ● ●

세로토닌도 쾌감의 호르몬이라고 하지만 기능은 복잡하다. 몸을 움직이기 위한 준비상태로 만들고 가소성의 핵심적인 물질이다. 장기간 세로토닌의 기능이 저하되면 여러 가지 정서장애와 우울증이 생길 수 있다. 세로토닌은 수면 패턴을 개선하고, 자존감과 자신감을 높이며, 우울과 불안은 줄인다. 취침과 기상의 리듬을 조절하고, 스트레스를 해소한다. 세로토닌이 정상적인 수준일 때는 배고픔, 분노, 성행위 등을 적당히 억제한다.

옥시토신은 사랑의 호르몬으로 알려져 있다. 노스캐롤라이나 대학의 코트 페더센과 아서 프랭글은 처녀 쥐에게 옥시토신을 투여하면 모성행동을 보인다는 사실을 발견한다. 옥시토신을 투여받은 처녀 쥐들은 둥지를 짓고, 남의 새끼들을 핥거나 보듬어주고, 길을 잃은 새끼들을 둥지로 데려다주기까지 했다. 이후 다른 연구자가 초원 들쥐들이 일부일처제를 유지한다는 사실도 밝혀냈는데, 인간을 제외한 포유류에서 평생 동안 일부일처제를 유지하는 것은 매우 드문 일이다. 이스라엘 바르일란 대학의 심리학자 루스 펠드먼 박사팀은 옥시토신 농도가 높을수록 엄마가 아이에게 쏟는 애정이 각별하며 행동과 정신 모두 유대감이 깊어지는 것을 발견했다. 아버지가 아이와 어울려 놀아줄 때도 옥시토신이 분비된다. 또 사랑에 빠졌을 때 옥시토신의 분비가 매우 높은 것으로 분석된다.

옥시토신은 1900년대 초반에 발견되었는데, 당시 생화학자들은 옥시토신이 분만과 수유를 촉진한다는 것을 알고 그리스어로 '빠른 분만'을 뜻하는 옥시토신이라는 이름을 붙였다. 아이의 울음소리가 들리면 엄마 몸에서 옥시토신이 분비되기 시작하고, 젖꼭지가 꼿꼿해지면서 젖을 먹일 채비가 완료된다. 아이를 낳을 때도 산모의 자궁을 수축하여 분만을 용이하게 한다. 호르몬이 상황에 따라 여러 가지 기능을 하는 것이다. 옥시토신은 또한 출산 시 진통제의 기능으로도 많이 분비된다. 그래서 출산 전에는 불감증으로 고생하던 부인들이 출산 후 오르가슴을 더 쉽게 느끼기도 한다. 옥시토신은 엄마가 아이를 낳고, 갓난아이를 포옹하고, 젖을 먹이고 키우는 것 등을 쾌감으로 보상하는 것이다. 이런 의미에서 모성애는 정신적인 사랑만이 아니라 생물학적 현상이기도 하다.

그런데 옥시토신의 작용기작은 생각보다 단순하다. 탈억제이다. 옥시토신은 일시적으로 억제성 뉴런들의 활동을 억눌러 흥분성 세포들이 보다 강력하고 확실하게 반응할 수 있게 한다. 처녀 쥐의 뇌에는 많은 억제성 뉴런이 작동하고 있는데, 새끼의 울음소리와 옥시토신이 결합하면 이런 억제성 뉴런이 억제되어 흥분성 세포의 작용이 강력해진다. 그래서 신호가 거의 두 배로 늘어난다. 옥시토신은 '신호는 많이, 잡음은 적게' 만드는 것이다.

옥시토신은 뇌가 사회적으로 의미 있는 자극에 강력하게 반응하도록 함으로써, 사회적 상호작용 및 인식을 돕는다. 쥐가 다른 쥐의 냄새를 인식하고 주의를 기울이게 하고, 사람의 경우 다른 사람의 얼굴을 인식하는 능력을 향상시키고 신뢰감을 높인다. 2005년 스위스 취리히 대학의 에른스트 페르 Ernst Fehr 교수는 「네이처」지에 옥시토신을 사람의 코에 뿌리면 상대에 대한 신뢰감이 높아진다는 연구 결과를 발표했다. 남성 128명을 대상으로 투자게임을 진행했더니 옥시토신 냄새를 맡은 사람의 45%가 상대를 믿고 돈을 맡긴 반면, 냄새를 맡지 않은 사람은 21%에 그쳤던 것이다. 옥시토신이 기부 행위에 영향을 미친다는 연구 결과도 있고, 옥시토신을 흡입한 커플은 논쟁하면서 상대방 말을 끊고 비판하며 헐뜯는 행동을 훨씬 덜하고, 대신 서로 경청하고 때때로 미소를 띠는 등 애정이 담긴 행동을 더 오래했다는 연구도 있다. 그래서 옥시토신을 사회성에 도움을 주는 호르몬이라고 주장하기도 한다.

하지만 옥시토신이라고 마냥 긍정적으로만 작용을 할 리가 없다. 옥시토신이 질투와 시기 등 부정적인 감정도 만든다는 연구 결과도 있고 스트레스를 받는 상황에 처하면 오히려 불안증을 높인다는 연구 결과도 있다. 옥시토신은 단순한 화학물질이지만 우리 몸에서 생각보다 다양한 기능을 하고, 몸뿐만 아니라 마음도 바꾼다. 감정의 색깔을 다양하게 하는 것이다. 그러니 우리의 감정은 생각보다 단순한 것이고, 몇 가지 화학물질에 의해서도 놀랍도록 다양한 색을 가질 수 있는 것이다.

2.
감정의 다양성은
사회성에서 온 것이다

사회가 느낌에 색을 입힌다 ● ● ●

감정은 다양하지만 감정 하나하나가 뇌에서 제각각의 시스템에서 만들어지는 것이 아니다. 색상에 기본 원색이 있고, 그것을 적당한 비율로 섞으면 수많은 색이 만들어지듯, 감정도 맥락에 따라 조합되면서 다양한 형태로 나타난다. 그리고 그렇게 다양한 감정을 만들어내는 맥락은 주로 사회성이다.

인간은 근본적으로 사회적인 동물이다. 『사회적 뇌, 인류 성공의 비밀』의 저자 매튜 D. 리버먼은 우리 인간의 뇌는 생각을 위해서만 설계된 것이 아니라 '사회적 연결'을 위해서도 설계되었다고 주장한다. 다른 사람들과 접촉하고 연결되고자 하는 욕구는 삶의 모든 측면에서 우리의 행동을 좌우하는 가장 기본적인 힘의 하나라는 것이다.

우리의 뇌는 특정 과제에 몰두하지 않을 때는 남은 시간 즉, 신경망의 기본 연결망Default network 을 활용해 사회적 세계를 배우고 익힌다고 한다. 한가할 때는 이 기본 신경망이 마치 반사작용처럼 켜져서 우리의 관심과 주의가 사회적 세계로 향하게 된다. 우리가 한가해서 사회에 관심을 가지는 것이 아니라 틈만 나면 사회적 세계에 관심을 가지도록 우리의 뇌가 이미 그렇게 설계되어 있다는 말이다. 한가해져야 소셜미디어를 보는 것이 아니라 틈만 나면 소셜미디어에 빠져드는 것을 보면 리버먼의 말이 사실인 것 같다. 그는 이 연결을 맺고자 하는 욕구가 음식이나 주거에 대한 욕구보다 더 근본적이라고 말한다. 그리고 이것이 우리가 인류라는 종으로서 성공을 거둘 수 있었던 열쇠라고 한다.

우리의 뇌는 다른 동물에 비해 크다. 인간의 뇌가 커진 것은 수학이나 과학이 발명되기 훨씬 이전이다. 더구나 뇌는 매우 에너지 과소비 기관이다. 유지비용이 많이 드는 것이다. 그런 뇌의 목적은 바로 사회성이다. 집단의 크기는 뇌의 크기에 비례한다. 큰 집단을 위해서는 다른 사람들의 마음을 '읽을' 줄 알고, 다른 사람들의 삶과 잘 어울리도록 상호 조정하는 능력 즉, 사회성이 탁월해야 한다. 우리는 사회성을 위한 큰 뇌를 가지고 있어서 생각보다 사회적인 활동에서 큰 보상을 갖는다. 그리고 사회가 건강하면 우리는 저절로 그 혜택을 받는다. 만약 왕따와 같은 사회적 고통을 받으면 신체적 고통과 똑같은 고통을 받는다. 정신을 차려서 다른 것을 할 수 없는 상태가 된다.

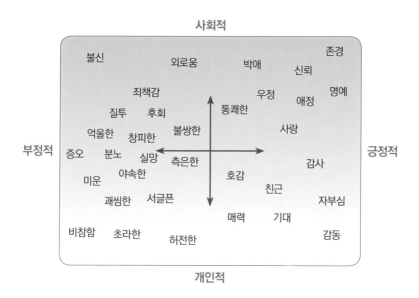

그림 12-2. 감정의 다양화

사회는 우리의 감정에 어떤 영향을 줄까? ● ● ●

우리는 사랑, 아름다움, 몰입, 지적인 문제해결, 발견, 깨달음, 창조, 진보와 완성, 능력의 응용, 여유와 유머, 권력, 사회적 상호작용, 도전과 스릴, 위험의 극복, 경쟁의 승리 등 많은 것에서 즐거움을 느낀다. 그런데 곰곰이 생각해보면 혼자서는 갖기 힘든 것들이다. 만약에 우리가 어떤 행성에 혼자 살아가는 존재라면 여러 복잡한 감정을 갖기 힘들었을 것이다. 감정은 보편적인 것이 아니라 문화에 따라 다르다. 감정은 저절로 생기는 것이 아니라 우리가 만들고 발전시키는 것이다.

최근에 커피숍이 엄청나게 늘었고, 카페에서 공부를 하는 사람들도 많이 늘었다. 공부는 조용한 집이나 도서관을 이용하면 좋을 것 같은데, 조금 번잡스럽고 시끄러운 카페에서 공부를 하는 이유는 무엇일까? 요즘은 1인 가구의 비중이 폭발적으로 높아지고, 혼밥, 혼술인이 늘었다고 한다. 삶이 엄청나게 자유로워진 셈인데 그만큼 행복해진 사람이 늘었을까?

우리의 몸과 욕망은 수렵 채집의 삶에 맞도록 설계된 것이다. 그러나 현대인은 우리의 유전자 깊숙이 각인된 욕구와 본능과는 전혀 어울리지 않는 삶을 살고 있다. 농경이 시작되기 바로 전, 인류가 매머드 같은 대형 동물을 사냥하던 시대에는 무리를 지어야만 살아남을 수 있었다. 비단 인간만이 아니라 많은 동물들이 포식자가 우글거리는 야생에서는 무리를 지어야 했다. 그리고 인간은 무리를 넘어 사회적인 동물이 되었다.

던바 교수에 따르면 인간의 뇌는 사회성을 위한 것이라고 한다. 인간의 뇌가 급격히 커진 시기는 정글에서 10명 정도 소규모 집단을 이루며 살던 인간이 초원으로 나와 150명 정도로 커진 때라는 것이다. 낯선 이들과의 교류가 증가하며 이들의 마음속에 숨긴 생각과 의도를 파악하는 것이 중요해졌고, 이를 위해 더 높은 지능이 필요해지면서 뇌가 급격히 켜졌다는 것이다. 매머드 사냥은 남녀를 가리지 않고 한 부족 전체 인원이 나서도 어렵고 위험한 일이었다. 하지만 매머드 사냥의 과정에서 원시 부족은 현대인은 상상하기조차 힘든 흥분과 형언할 수 없는 기쁨을 누렸고, 사냥에 성공하면 한 달 이상은 아무런 근심, 걱정 없이 즐겁게 살 수 있었다. 지금처럼 매일매일 스트레스를 받고, 미래를 걱정하는 현대인의 삶과는 엄청난 차이가 있다.

우리는 바로 그 원시인 유전자를 많이 간직하고 있다. 그래서 시장에서 생선을 사는 것보다 훨씬 비용이 많이 드는 낚시에 매료되고, 소득 없이 위험하기만 한 익스트림 스포츠에 매료되기도 하고, 월드컵이라도 열리면 전 국민이 한 마음으로 응원하면서 열광한다. 그래봐야 진짜 매머드를 사냥할 때 느꼈을 리얼한 흥분과 단결, 도전과 성취 그리고 사냥이 끝나고 난 뒤 오랫동안 지속되는 유대감 등에 비교할 수는 없을 것이다. 매머드 사냥의 기쁨은 지금 현대인은 상상하기조차 힘든 아득한 추억일 뿐이다. 그때로 돌아갈 필요는 없지만 우리 몸에 숨겨진 욕망을 직시할 필요는 있다.

단순한 감정이 사회성을 만나 복잡하게 발전한다 ● ● ● ●

감정의 시작은 단순했다. 과거에는 감정의 원형이 오욕칠정처럼 몇 가지 되지 않는다고 생각했다. 그러다 점점 다양해졌다. 뇌가 3가지 색 수용체의 정보로 온갖 색을 입히듯, 감정도 몇 가지 원형의 맥락에 따라 섬세한 색을 입혔다. 감정이 섬세해지는 만큼 우리의 행동도 섬세해지기 때문이다.

우리의 가장 근본적인 감정의 하나가 '공포'이다. 공포는 언뜻 나쁜 것으로 생각하지만 사실 위험을 피하게 하는 긍정적인 역할을 한다. 그리고 두려움은 뭔가를 대비하는 역할도 한다. 분노도 나쁜 것으로 생각하지만, 동물은 냄새로 자신의 영역을 표시하고 그 세력권에 침입자가 들어오면 분노하는 모습을 보인다. 인간의 분노도 집단생활에서 스스로의 권리를 지키게 해 집단생활을 발전시켰다. 분노의 반대인 미안함이나 죄책감도 타인의 영역을 침입할 때 느끼는 감정인데, 자신이 타인의 권리를 침해했다면 그런 감정을 느껴야 한다는 집단의 질서가 생긴다. 적절한 분노와 죄책감이 집단 내의 협력과 평화에 필요한 것이다. 이처럼 얽히고설킨 복잡한 사회 활동이 복잡한 감정을 만든다.

집단 내의 질투는 공정한 이익을 분배하기 위한 감정이고, 원한과 후회는 잃어버린 배분 즉, 손해를 반복하지 않고 되찾기 위한 사회성의 감정일 수 있다. 최근 조국 교수의 법무부장관 임명과 관련한 논란의 핵심도 공정함이었다. 공정성 하나로 나라가 들썩인 것이다. 사람들은 공정함을 다른 어떤 것보다 우선하는 가치로 여기는 경우가 많다.

'최후통첩 게임'은 1982년 독일 훔볼트 대학의 경제학 교수 베르너 귀트Werner Güth 등이 고안한 게임이론이다. 우선 게임에 참여하는 두 사람 A와 B는 돈을 분배해야 한다. 먼저 A가 돈을 어떻게 분배할지 제안을 하면, B는 A의 제안을 수락하거나 거절한다. 이때 B가 제안을 거절하면 A와 B는 둘 다 돈을 받을 수 없고, 수락하면 A와 B는 A의 제안대로 돈을 받는다. 제안은 한 번만 수용되며 철회하거나 번복할 수 없다. 만약 A가 50:50과 같은 공평한 제안을 하거나 B에게 더 유리한 제안을 한다면 문제가 없는데 만약 A가 20% 이하를 B에게 건네주는 불공정한 거래를 제시할 경우 대부분 제안을 거부하여 둘 다 아무 것도 가질 수 없게 된다. 이론적으로는 20이라도 가지는 것이 유리하지만, 본인이 한 푼도 받을 수 없다 해도 A가 불공정하게 많이 가져가는 것을 막는데 만족하는 것이다.

사람은 단순히 자신에게 올 이익만을 생각하지 않고, 사회가 원활하게 돌아가는 데 필수적인 공정함을 추구한다. 또 분배하는 사람은 상대방이 우울하고 슬프고 다운되어 있을 때는 좀 더 상대방의 몫을 챙겨주려는 모습을 보이지만, 마냥 즐겁고 들떠있을 때는 질투심에 냉정하고 이기적인 모습을 보인다. 그러니 상대방을 읽는 능력은 집단생활에 기본인 것이다.

사회 유지에 가장 중요한 것이 협력과 공정함에 대한 믿음이다. 믿음은 집단의 협력을 강화하는 기능이 있다. 그리고 사실 매사에 객관적인 공정함을 유지하기는 힘들다. 리더의 역할과 헌신이 필요하고, 리더에게는 존경과 감사 등 감정적 보수가 지불되도록 진화되어 왔다. 그래서 믿음은 때로 맹목적이기 때문에 비판적 사고가 쉽지 않다. 비판적 사고란 현대에서나 등장한 '문명의 마음'이다.

욕구와 감정은 달라 보이지만 대부분의 욕구는 감정의 형태로 표현된다. 인간의 많은 욕구 중에서 식욕, 성욕 등 생리적 욕구를 가장 1차적인 것, 안전에 대한 것을 2차적인 것, 가족애, 친구, 사랑과 소속감을 3차적인 것 그리고 존중과 자아실현을 가장 고차원적인 욕구로 평가하는데, 사실 사회에서 인정이나 존중을 받는 것은 생명을 유지하는 1차적인 것이기도 하다. 수렵 채집 시대에는 집단에서 인정받는 것이 생사의 문제였다. 과거에는 집단 밖의 사람은 무조건 적이었다. 평판은 집단에서 살아남는 데 중요했다. 자기 과시욕의 목적은 자신의 장점을 드러내어 인정을 받는 것이다.

이처럼 우리에게 감정은 사회적이고 상대적인 것이다. 많은 사람이 목표로 하는 행복감도 비교로 인해 느껴지는 상대적인 것이다. 홀로 무인도에 태어나 산다고 하면 도대체 무슨 감정이 있을 수 있을까? 우리 대부분의 감정은 사라지고, 어쩌면 외로움조차 느끼지 못할지도 모른다. 지역에 따라 환경에 적합한 사회를 만들고 구성원은 그 사회에 맞는 감정을 갖추어 간다. 특정 감정은 지역에 따라 다르게 진화할 수밖에 없는 것이다. 그런데 우리는 감정을 원래부터 복잡하게 갖추어진 것이라고 생각하지 사회에 살아가면서 만들어진 것이라고 생각하지 못한다. 감정의 형성은 시각의 형성과도 비슷하다. 눈이 있으면 저절로 볼 수 있는 것 같지만, 시간을 들여 상당한 시각 훈련을 해야 시력이 갖추어진다. 그래서 만약 눈에 문제가 있어 일정 나이까지 시각적 자극이 없으면 영원히 볼 수 없는 상태가 된다. 시각의 원리가 감정의 원리에도 그대로 적용되는 것이다.

사회성은 어렵다 • • •

감정이 복잡하고 어려운 이유는 사회성이 어렵기 때문이다. 사회성이 수학이나 과학보다 훨씬 어렵다는 것을 보여주는 대표적인 사례가 템플 그랜딘의 경우이다. 올리버 색스의 『화성의 인류학자』를 보면 템플 그랜딘은 2살 때 자폐증 진단을 받았다. 그 당시 진단을 내린 의사는 그랜딘이 평생 보호시설에 있어야 하며 평생 말을 하기 힘들 것이라고 했다. 1940~1950년대는 자폐증이 잘 알려지지 않았고, 그저 소아정신 분열의 일종으로 보았기 때문이다.

하지만 본인과 어머니의 헌신적인 노력으로 일리노이 대학에 입학해 동물학 박사학위를 받아 교수가 되었고, 그림으로 생각하는 자신의 재능을 살려 동물의 이동경로에 가장 적합한 가축시설을 발명했다. 그 시스템은 미국 농장의 60% 이상에 채택되었고 지금도 확대 도입되고 있다. 이런 훌륭한 성과를 보인 그랜딘의 소원은 학교에서 친구를 만드는 것이었고, 그 때문에 2~3년 동안 상상 속의 친구를 만들기도 했다. 그러다 실제로 친구를 사귀면 전적으로 헌신했는데 그녀의 말투나 행동에 괴리감을 갖게 하는 무언가가 있었기에 친구들은 그녀의 지능과 능력에 감탄하면서도 집단의 일원으로 받아들이지는 않았다. "내 어디가 잘못됐는지 판단하지 못했어요. 내가 남들과 얼마나 다른지 모르고, 오히려 다른 아이들이 특이하다고 생각했죠. 내가 왜 그 속에 끼지 못했는지 끝까지 이유를 알지 못했어요."

그녀가 보기에는 간단한 대화를 하는 아이들 사이에도 뭔가 빠르고 미묘한 것이 끊임없이 오고갔다. 그러면서 이루어지는 의미 교환, 타협, 이해의 속도가 어찌나 빠른지 모두가 텔레파시 능력자로 보일 정도였다. 나중에 그녀는 대화가 단순히 말로만 이루어지는 것이 아니라 눈빛과 표정만으로도 말 이상의 정보가 오고간다는 것을 알게 되었지만, 그녀가 그것을 이해하여 마법과 같은 커뮤니케이션에 직접 동참하거나 그 뒤에 숨겨진 수십 가지 심리상태를 파악하는 일은 결국 불가능했다. 여성들의 친교적인 대화는 정상적인 남성도 참여하기 힘든데 그녀는 얼마나 힘들었겠는가? 그런 측면에서 과학이나 논리는 사회성보다 정말 단순하고 쉬운 것이라고 할 수 있다. 그녀는 남들 같으면 깊이 생각하지 않아도 본능적으로 알 수 있는 것에 엄청난 노력과 계산이 필요했다. 그래서 소외된 느낌, 이방인이 된 느낌을 받았다. 암시와 가정, 반어법, 비유, 농담을 파악하지 못하는 등 일상적이고 사회적인 언어를 이해하는데 어려움이 많았던 템플은 과학과 기술의 언어 속에서 엄청난 위안을 얻었다. 과학과 기술의 언어는 이해하기가 쉬웠고, 과학이 자신의 가치를 찾을 수 있는 세계로 들어가는 출입구가 되어준 것이다.

맛도 사회적이다 ● ● ● ●

맛은 사회적이다. 인류는 오래 전부터 혼자 음식을 마련하거나 혼자 먹지 않았다. 사냥이나 농사로 인한 결과는 공동의 운명이었고, 같이 사냥하고 같이 식량을 구해서 나누어 먹었다. 그래서 음식은 생존 이상의 의미를 가진다. 인간관계에도 같이 밥을 먹는 것이 빠질 수 없고, 조상이나 신과의 만남, 고향이나 모국의 추억, 그리움도 밥이 매개한다. 항상 밥을 함께 먹는 사람들이 '식구食口'이고, 친척들은 명절에 함께 모여 음식을 마련하고 입맛을 나눈다. 고향 사람을 만나는 것은 고향의 음식을 나누는 것이었고, 남들이 싫어하는 악취가 나는 음식도 고향 사람과 같이 먹으면 더욱 강한 동질감을 느낀다. 스웨덴에는 스트뢰밍, 대만에는 취두부, 일본에는 낫두納豆, 우리에게는 홍어 같은 음식이다. 최근에는 회사에서 승진하고 싶으면 식사 때 상사와 같은 음식을 주문하라는 연구 결과도 있었다. 미국 시카고 대학 연구팀은 우리가 관리자들, 혹은 심지어 전혀 모르는 사람일지라도 같은 음식을 선택하면 그들로부터 즉시 신뢰를 얻을 가능성이 크다는 것이다.

보통 맛을 판단하는 데는 입과 코가 중요하다고 생각하지만 미각과 후각보다 중요한 것이 뇌의 판단이다. 똑같은 소고기도 한쪽은 한우이고, 다른 쪽은 미국산이라고 하면 맛의 차이가 생길 수밖에 없고, 같은 생선회도 자연산이라고 하면 더 맛있고, 싼 술도 비싸다고 하면 향이 더 좋다고 느껴진다. 번데기나 개고기를 먹고 안 먹고를 결정하는 것은 그것이 가지고 있는 맛이나 향이 아니라 그것에 대한 마음인 것이다. 맛은 감각보다 감정이 더 중요하고, 감정은 대부분 사회적으로 온 것이라 남들이 맛있다고 하면 자신도 맛있다고 느낀다. 그리고 남들이 맛집에 가면 자기도 따라 그 맛집에 가서 줄을 서면서까지 먹어봐야 직성이 풀린다.

그런 측면에서 감정이 원래부터 있는 것인지 나중에 발달되는지에 대한 논란은 본성과 양육, 성선설과 성악설 논란과 닮았다. 사실 이런 말이 있다는 자체가 어느 한쪽만 존재하는 것이 아니고, 훈련을 통해 다듬어진다는 것을 이미 인정하는 셈이다. 감정은 존재하는 것이 아니고 구성되는 것이다.

3.
모두 연결되고 싶어 하고, 인정받고 싶어 한다

우리의 뇌는 주변의 인정과 격려를 원한다 ● ● ●

동물의 기본 감정은 공포이고, 싸움 혹은 도피Fight or flight 가 기본 반응형태이다. 인간도 감정의 바탕에는 이 공포 와 우울감이 항상 깔려 있는지도 모른다. 우울은 도저히 넘을 수 없을 것 같은 높고 단단한 벽 앞에 섰을 때 인간 이 느끼는 감정 반응이다. 그리고 인간의 삶에는 죽음이 라는 결코 넘을 수 없는 벽이 있다. 그래서 언젠가는 죽 는다는 것을 부정하는 부정본능이 있는 동시에 모든 인 간은 본질적으로 우울함이 삶의 보편적 바탕색이다.

그래서인지 뇌는 항상 응원과 격려를 필요로 한다. 지 치고 힘들어서 일어설 힘이 없을 때, 스스로 일어서거 나 새로운 시작을 할 수 없을 때 사람들을 일으켜 세우 는 것이 바로 격려이다. 나 스스로를 가치 있고 능력 있으며 소중한 사람임을 인정하게 만드는 격려의 말은 생각지도 못한 놀라운 효과를 가져 온다. 인정해주고 격려해주는 것은 심오하고 큰 영향을 끼친다. 참된 격려는 삶의 큰 용기를 준다. 따뜻하게 다독이며 위안과 힘을 주는 한 마디 격려를 받았을 때, 당당한 자세로 옳은 일을 하게 만들고, 모험마저도 기꺼이 헤쳐나갈 수 있는 힘을 얻게 된다.

요즘 갑질 논란이 뜨거운데, 그 원인은 복잡하지만 그중에는 자신을 인정해달라는 욕망도 존재한다. 힘들게 공부해서, 힘들게 취업해서, 힘들게 승진했는데 누구도 자신을 인정해주지 않고 떠받들어주지 않는다는 느낌이 들면 이성적으로는 괜찮지만 우리의 유전자 속 본능은 만족하지 못한다. 원시인 시절에 죽을힘을 들여서 사냥을 해왔는데 아무도 자신의 용맹을 칭찬해주지 않고 사냥감만 챙기려 하면 다시는 사냥을 나가고 싶지 않을 것이다.

요즘 직장은 다 같이 동등한 입장이다. 한편으로는 민주적이지만 우리의 유전자는 현대인의 직장생활에 최적화된 유전자가 아니다. 서로가 서로를 인정하고 존중하기보다는 그저 계약의 관계일 뿐이니 그 보상의 심리가 엉뚱하게 갑질로 발휘될 가능성이 높아진다. 우리는 객관적으로 자신과 자신의 욕망을 의식하기보다는 타인에게 훨씬 시선을 많이 보내고, 그러면서 타인의 욕망을 욕망하면서 그 욕망 때문에 괴로워하는 경우가 많다.

우리는 이처럼 이성적으로는 만족하지만, 내면적 본능으로는 전혀 만족스럽지 못한 불일치의 시대를 살아간다. 인류의 본성과는 상반된 가치를 추구하면서 내면의 갈증만 키우고 있는 것이다. 그래서 우리는 가진 것에 비해 행복하지 못하고, 누리는 것에 비해 행복하지 못한 것 같다. 우리의 본성에 대한 이해가 오히려 가장 필요한 시기가 된 것이다.

타인의 욕망을 욕망한다 ● ● ●

자크 라캉Jacques Lacan에 따르면 "우리는 타인의 욕망을 욕망하며" 산다. 우리가 욕망하는 것은 자신의 욕망이 아니라 대부분 타인의 욕망이라는 것이다. 나에게 좋은 것을 좋아하는 것이 아니라 남들이 좋아하는 것을 좋아하고, 내가 하고 싶은 것이 아니라 남들이 하고 싶은 것을 나도 하고 싶어 하며, 남들이 갖고 싶어 하는 것을 더 소유하고 싶어 한다.

곰곰이 생각해보면 맞는 말인 것 같다. 남들이 구글을 좋은 직장이라고 하면 나에게 맞는지를 따지기 전에 구글에 다니고 싶어지고, 타인이 갖고 싶어 하는 것을 내가 가지게 되면 무척 즐거워한다. 사실 우리의 본능은 그렇게 설계되어 있다. 그래서 우리는 그런 것을 SNS에 자랑하면서 더욱 만족감을 높인다. 심지어 골프, 해외여행 같은 개인적인 활동에도 그런 욕망이 있다. 남들이 알아봐주는 운동을 해야 더 운동할 맛이 나고, 남들이 부러워할 만한 여행을 해야 여행이 더 즐거운 것이다. 남들이 좋아하는 것을 자신이 하면서 자신의 능력과 존재감을 확인받고 싶어 한다.

우리는 변변하게 자신의 욕망의 실체를 생각해볼 경험이나 교육을 받아본 적이 없다. 그래서 진짜로 자신이 원하는 것이 무엇인지 한 번도 제대로 고민해보지 못하고 어렸을 때는 부모의 욕망, 커서는 타인의 욕망에 매몰되어 버린다. 자신의 욕망을 욕망해볼 기회를 한 번도 가져보지 못한 것이다.

그럼에도 우리의 뇌는 애초에 타인의 욕망을 욕망하도록 설계되어 있다. 우리의 뇌가 가장 먼저 하는 것은 '따라 하기'이다. 엄마가 웃으면 아기도 따라 웃고, 누가 하품하는 것을 보면 따라서 하품을 한다. 이 흉내 내기가 모든 학습의 가장 기본이 되는 행위이고, 문화 형성의 기반이기도 하다. 우리는 남들이 맛집에 가면 자기도 따라서 그 맛집 앞에 줄을 서야 하고, 남들이 맛있다고 하면 자신도 맛있다고 느껴야 한다. 아이가 음식을 먹으면서 행복한 표정을 지으면 부모는 자신이 먹는 것보다 더한 즐거움과 행복감을 느낀다. 가족과 친척을 넘어서, 힘들게 구한 음식을 나누고 즐거운 모습에 큰 기쁨을 느낄 줄 아는 인간의 특성이 거대한 사회를 만들고 찬란한 문화를 성취한 배경이 되기도 했다. 인간의 따라 하기 능력이 공감 능력을 만들고, 욕망과 욕망을 유기적으로 연결하고, 상호 작용으로 조율되어 문화와 예술을 창출한 것이다.

하지만 부작용도 있다. 타인의 욕망과 자신이 진짜 원하는 것을 구분하기 힘들고, 타인의 평가나 시선을 지나치게 의식하는 것이다. 남들의 인정과 평가에 너무 과도하게 매몰되면 자유롭고 행복하기 힘들다. 가끔은 타인의 욕망으로부터 자유로워지고, 자신의 취향과 욕망을 제대로 아는 것이 같은 비용과 노력으로도 좀 더 여유 있고 품위 있고 행복하게 사는데 도움이 되지 않을까? 평생을 남의 욕망만 욕망하느라 한 번도 자신의 욕망대로 살아보지 못한다면 너무나 아쉬울 것 같다.

4.
좋은 사회란
좋은 감정이 흐르는 곳이다

감정은 뇌의 종합 지휘자이다 ● ● ●

과학이 밝힌 뇌의 실체는 뇌도 지극히 생물학적이고, 전기적이라는 것이다. 뇌는 860억 개의 신경세포로 이루어져 있고, 신경세포들이 서로 신호를 주고받음으로 그 기능을 수행한다. 신경세포의 연결을 신경회로라고 하는데, 하나의 뇌세포는 수천 개의 시냅스로 다른 신경세포와 연결되어 있다. 그런 회로를 통해 감각과 지각이 일어나고 동시에 감정도 선택된다. 너무나 복잡하게 얽혀있고 상호작용을 하는데, 그 와중에 단일한 의식인 것처럼 우리의 행동이 이루어지는 것은 정말 기적적인 현상이다. 감정은 그런 뇌의 활동에 흐름을 부여하는 지휘자에 가깝다. 그래서 감정이 격하게 몰아치면 생각조차 제대로 하지 못한다.

우리는 폭력이 나쁘다는 것을 안다. 폭력이 뭔지를 아는 것은 이성이고, 나쁘다고 느끼는 것은 감정이다. 폭력에 대하여 면도날처럼 정확하게 알고만 있는 사람보다 그게 뭔지 정확히 몰라도 해서는 안 될 것 같은 감정이 먼저 확 드는 사람이 훨씬 인간다운 사람이다. 예리한 지각력만으로는 세상을 아름답게 만들지 못한다. 좋은 감정이 좋은 판단을 만들어 세상을 아름답게 만든다. 그리고 우리가 기억하고 있는 많은 상식들은 사실 감정적으로 기억된 것이다. 감정적으로 거부감이 없어야 이해하고 받아들인다. 감정이 배제된 채로 이성이 단독으로 먼저 나서는 경우는 별로 없다. 워낙 자동적이고 은밀하여 의식하지 못하는 경우가 많지만, 감정이 먼저 길을 내고 사고가 그 방향으로 흐른다. 정서적인 출발점이 등장하지 않으면 이성적인 사고도 침묵을 지킨다. 감정은 이와 같이 여러 가지 의식 상태를 하나로 묶어주는 접착제의 역할을 하여 의식이 방향성을 갖게 한다. 감정은 귀찮거나 억누르면 좋은 유치한 존재도 아니다. 우리의 삶에서 감정이 사라지면 삶을 견인했던 추진력도 사라질 것이다.

의미 있는 감정은 사회적으로 구성되는 것이다 ● ● ●

맛은 존재하는 것이 아니고 발견하는 것이다. 세상에 맛이나 향을 내는 분자는 없다. 3,000만 종이 넘는 분자가 있지만, 그들 분자 자체에는 맛도 향도 색도 없다. 단지 내 몸 안에 특정 형태의 분자를 감각할 수 있는 수용체가 있고, 모양이 일치하는 분자가 결합하면 전기적 신호가 뇌로 전달될 뿐이다. 자연의 그렇게 많은 분자 중에서 내 몸이 수용체를 만들어 감지하는 것은 생존에 필요한 극히 일부일 뿐이고, 그것을 맛과 향으로 지각하는 것이다.

감정 또한 존재하는 것이 아니라 구성되는 것이다. 우리의 지각은 너무나 생생하고 직접적이기 때문에 우리가 세상 자체를 경험한다고 믿지만, 실제로 우리가 경험하는 것은 우리 자신이 구성한 세계이다. 그 과정에서 우리의 감정도 구성된다. 감정은 지각에 의미를 부여하고 행동을 준비시킨다. 그래서 감정은 근원적이고 힘이 세다. 그러니 올바른 감정이 이성보다 중요한 것이다. 그런데 우리는 감정이 어떻게 만들어지는지 직접 관찰할 수 없고, 단지 감정이 만들어지는 환경을 가꿀 수 있다. 감정을 다스리는 가장 쉬운 방법이 몸을 돌보는 것이다. 건강하게 먹고, 운동을 꾸준히 하고, 충분한 수면을 취해야 한다. 새로운 취미를 갖거나 낯설고 흥미진진한 일에 몰두하는 것도 좋다. 결국 지각과 행동 그리고 감정은 연결된 세트이다. 행동을 바꾸면 감정도 바꿀 수 있는 것이다.

감정도 섬세하게 이해하면 좀 더 자유롭고 섬세하게 다룰 수 있을 것이다. 나는 이번 책을 통해 감정은 왜 만들어지고 어떻게 만들어지는지에 대해 탐험해 보았다. 확실히 이제는 감정도 과학에 영역에 들어온 것 같다.

지각과 행동 그리고 감정은 연결된 세트다.
그러니 행동을 바꾸어 감정도 바꿀 수 있다.

PART FINISH

POWER OF EMOTION

이제는

무엇을

욕망할 것인가

1.
이제 우리는
무엇을 욕망할 것인가?

소년이여 야망을 가져라?

"Boys, be ambitious!" 영어를 배우면 가장 먼저 접하는 문장 중 하나이다. 우리나라에서는 "소년이여 야망을 가져라!" 일본에서는 "소년이여 큰 뜻을 품어라!"로 해석된다. 오래 전에는 영웅전과 위인전이 언제나 큰 인기를 끌었고, 아이들에게 꿈을 물으면 대통령, 장군 등 거창한 답변이 흘러나왔다. 발명가보다는 에디슨 같은 발명왕, 과학자보다는 아인슈타인 같은 최고의 과학자 같은 식이었다. 그러나 이제는 꿈도 지극히 현실적인 것이 되었다. 안정된 직장인, 선생님과 공무원이 가장 선망하는 직업이 되었다. 지금은 가슴 설레는 크고 멋진 꿈보다 현실적이고 소박한 꿈을 꾸는 것이다.

그래서인지 요즘은 열정을 이야기하는 경우가 많다.

우리가 특정 활동을 아주 좋아하고, 중요하게 생각하고, 자발적으로 많은 시간과 에너지를 투자하면 그것에 열정을 가졌다고 할 수 있다. 스스로 어떤 일에 열정을 가지고 몰입하는 모습은 보기에도 참 좋다. 그런데 이런 열정은 말로 열정을 가지라고 해서 만들어지는 것이 아니다. 열정을 가질 조건이 되었을 때 생긴다.

그리고 이런 열정도 지나치면 강박적 열정과 같은 문제를 일으킨다. 열정을 가진 활동이 본인을 지배하여 오직 그 활동을 할 때만 신이 나고, 다른 것에는 흥미를 잃게 된다. 그래서 그것만 하고 싶은 욕망을 자제하기 힘들면 그게 바로 중독인 것이다.

많은 열정적인 활동은 분명 본인에게 긍정적인 에너지를 준다. 행복하게 만들어주고, 삶의 의미를 더해주고, 잘할 수 있다는 느낌을 만들어준다. 그러나 강박적 열정이 되면 단 한 가지 활동에만 모든 열정을 쏟고, 살아가는 의미와 이유를 찾기 때문에 그것이 무너지면 큰 상실감과 좌절에 빠지게 된다.

열정은 만드는 게 아니라, 발견하는 것이다. '열정을 가지라'고 조언한다고 없던 게 생기는 것이 아니다. 열정은 자율성과 내적 동기에 기반한 것이라 스스로 목표를 발견하고 스스로 목표 달성을 위해 궁리하고 노력해야 비로소 안 시켜도 알아서 잘하는 상태가 된다. 그런데 이제는 무엇을 열정해야 할지 그 주제를 찾는 것이 문제일 것 같다.

이제 무엇을 열정할 것인가 ● ● ●

과학은 이미 우주의 비밀을 상상할 수 없는 수준까지 밝혔고, 그만큼 우주의 미지는 사라졌다. 그래서 아무도 우주 어디에 천국이 있을 것이라고 상상하지 않는다. 신비한 미지에 대한 동경은 사라지고 과학에서 감동도 사라졌다. 과학은 우리가 알아야 하는 그 많은 정보 중 하나가 되었을 뿐이다. 우리 인간이 어떻게 이런 것까지 알게 되었는지에 대한 경이는 없고, 모든 것이 너무나 당연한 것처럼 되었다. 커다란 질문도 커다란 감동도 잃어버렸다. 과거에는 종교가 위안이 되었다. 지금은 절대적인 힘이 과학에 있다고 생각해서인지 종교가 과학이 되려고 할 정도로 신성이 사라진 세상이기도 하다.

처음 인쇄술이 등장했을 때 사람들은 이야기가 죽는다고 했다. 이야기책이 나오기 전에는 구전으로만 들어야 했는데 인쇄가 발달하여 책으로 보게 된 것이다. 그런 이야기가 라디오를 통해 흘러나왔고, 그러다 TV를 통해서도 보게 되었다. 이야기가 개인의 차원을 벗어나 거대한 산업이 된 것이다. 사진술이 처음 등장했을 때도 그림이 죽는다는 말이 나왔지만 현실은 많은 시간과 노력을 들여 정밀하게 그리는 것보다 사진 한 방 찍는 것이 훨씬 세밀하고 정확했다. 그래서 회화는 과거와 전혀 다른 표현의 영역으로 변신을 해야 했다. 영화가 등장하자 소설이 죽는다고 했고, TV가 등장하자 영화가 죽는다고 했다. 영향은 받았을지언정 모두 살아 있다.

그런데 인간이 인간보다 뛰어난 인공지능을 만들면 어떻게 될까? 아

감정이 어려워 정리해 보았습니다　● ● ● ● ● ● ● ●

마 그 이후로는 인간이 발명할 게 없을 것이다. 나머지는 인공지능이 발명할 것이기 때문이다. 인공지능은 일단 인간의 지능을 넘기만 하면 인간처럼 생물학적 한계를 가진 몸에 갇힌 존재가 아니기 때문에 복사를 통해 무한 증식되어 순식간에 인간은 도저히 도달할 수 없는 경지로 발전해버릴 것이다. 모든 분야에서 무한 경쟁은 지속되고 있고, 기술 개발도 무한 경쟁이다. 잠시 멈춤도 필요한 것 같은데 그럴 가망은 없고, 멈출 방법도 없다. 인터넷은 이미 누구도 통제할 수 없는 괴물이다. 주인도 없고, 통제도 없고, 경계도 없다.

만약 그런 인공지능이 인간의 뇌를 획기적으로 개선하고 고상한 인간성을 갖추도록 뇌 부위에 조작을 가해 부처님 같은 성인으로 개조를 하려고 하면 우리는 어떻게 받아들여야 할까? 아니면 유전자의 재조합을 통해 무결점의 인간으로 만들어 준다면 어떻게 받아들여야 할까? 혹 기적의 신약을 만들어 몸과 마음의 괴로움이 다 없어지고 그저 행복한 기분만 들게 해주겠다면 어떻게 받아들여야 할까? 기술의 발전에 비해 우리에 대한 성찰은 빈약하기 그지없다. 인간은 의미 없는 우주에 의미를 부여하고 사는 존재이다. 우주를 이해하려 애쓰는 인간이 없으면 우주에 무슨 의미가 있을까? 요즘 젊은이들이 힘든 진정한 이유가 본인이 무엇에서 의미를 찾을 수 있을지에 대한 의미의 상실이 아닐까?

2.
감정을 쪼개면 다루기 쉬워지고,
행복을 쪼개면 이어가기 쉬워진다

욕망이 사라지면 번뇌도 사라질까 ● ● ●

인간은 지극히 감정적으로 살도록 설계된 생명체이다. 실제로 뇌에서 생각이성이 감정에 작용하는 네트워크보다 감정이 생각이성에 명령을 내리는 네트워크가 3배 더 많다고 한다. 의사 결정 과정을 분석한 많은 연구에 따르면, 보통 감정이 이성을 이긴다. 만약 우리가 커피를 대접받았을 때 아이스커피를 주면 기분이 좋아도 식은 커피를 받으면 기분이 확 나빠질 것이다. 하지만 그 이유는 정확히 말하기 힘들다. 감정은 순식간에 작동하고 생각을 지배하여 화가 나서 아무런 생각이 들지 않거나 눈에 콩깍지가 씌여 아무 생각이 나지 않을 수 있다. 대부분의 사람은 대중 앞에서 강연을 하라고 하면 두려움 때문에 많이 망설인다. 실제로도 두려움 때문에 제 실력을 발휘하기 힘들다. 감정이 잠재능력과 창의력을 발휘하는 것을 막는 것이다. 감정은 이처럼 우리를 힘들게 할 때가 더 많은데, 그렇다고 감정을 없애면 어떻게 될까? 우리의 행동은 이성적이 되고 세상은 좋아질까?

생각이 많으면 행복이 멀어지고, 생각이 없으면 의미가 멀어진다. 욕심을 줄이면 불만도 줄어 행복이 쉬워지나 재미도 줄어든다. 우리가 숨을 쉬고 있는 한, 매일 매 순간 욕망과 갈등하면서 산다. 그래서 많은 철학자들이 욕망의 문제와 집요하게, 또 치열하게 싸워왔다. 금욕주의와 쾌락주의 중에 어느 것이 더 정답에 가까운지 오랫동안 결론을 내지 못했다. 사실 정답을 정할 필요도 없다. 우리의 욕망과 감정은 계속 출렁거리고, 거센 파도를 만나 좌초하지 않게 감정의 힘을 키우는 것이 중요하다. 그리고 감정을 잘 다루기 위해서는 자신이 감정을 감당할 수 있도록 덩치를 키우거나 거대한 감정의 파도가 오면 그것을 잘게 쪼개는 기술을 연마하는 방법이 좋은 것 같다. 감정은 쪼개면 다루기 쉬워지기 때문이다

감정은 쪼개면 다루기 쉬워진다 ● ● ●

다양한 감정은 우리의 몸과 세상과 긴밀한 관계를 맺으면서 출현한다. 사람들이 '분노', '슬픔', '공포'라는 똑같은 단어를 써서 자신의 느낌을 표현해도 그 의미가 언제나 동일하지는 않다. 어떤 사람은 매우 섬세

하게 감정을 분류하고 자신의 감정을 표현하며 어떤 사람은 '슬픈', '겁에 질린', '불안한', '우울한' 같은 단어들을 뭉뚱그려서 '기분이 나쁘다'고 표현한다. 이것은 유쾌한 감정의 경우에도 마찬가지다. 그런데 배럴박사는 감정은 쪼개면 작아지고, 작으면 차이가 구별되고, 구별이 되면다루기 쉬워진다고 말한다.

만약에 감정이 '기분이 아주 좋다'와 '기분이 아주 나쁘다'라는 두 개밖에 없다면 우리는 새로운 감정을 경험할 때마다 두 가지 중 하나를선택해야 하므로 힘들어질 것이다. 만약 '기분이 아주 나쁘다'를 더 미세하게 세분하여 50가지 뉘앙스를 안다면, 우리의 뇌는 훨씬 더 많은옵션을 갖게 될 것이다. 더 유연하고 효과적인 대처가 가능해지는 것이다. 감정 개념을 풍부하게 가지고 있어 섬세한 감정을 느낄 수 있는 사람일수록 부정적인 감정을 느끼게 되는 상황이 되었을 때 더욱 적절히대처할 수 있다고 한다. 이러한 이유로 배럴 박사는 새로운 개념을 많이 알고 있을수록 감정 입자도가 높아지고 감정적으로 건강해질 수 있다고 주장한다.

행복은 쪼개면 오래 간다 ● ● ● ●

심리학자인 서은교 교수는 『행복의 기원』에서 '행복은 아이스크림'이라고 말한다. 아이스크림은 입을 즐겁게 하지만 이내 녹아서 사라지는것처럼 행복도 그렇다는 것이다. 그리고 행복의 나라에는 안타깝게도

냉장고가 없어서 보관할 수도 없다. 성공만 하면 '고생 끝, 행복 시작'의 삶이 펼쳐질 것 같아 성공을 쫓고 현실을 인내하며 살지만 삶은 크게 바뀌지 않는다. 좋은 대학만 가면 행복해질 줄 알았는데, 취업만 하면, 결혼만 하면, 승진만 하면 행복할 것 같았는데 성취의 기쁨은 짧은 순간만 화려할 뿐 이내 무덤덤해지고 보다 큰 성공과 행복을 욕망한다.

아무리 큰 기쁨도 시간이 지나면 무뎌지기 마련이다. 불타던 사랑도 식어가듯, 밤낮없이 즐기던 게임도 어느덧 무료해진다. 그래서 한 번의 요란한 잔치보다는 여러 번의 괜찮은 식사가 낫고, 좋아하는 드라마를 한번에 몰아서 보기보다는 매주 한 편씩 보는 게 정서적 혜택이 더 크다. 영화를 보든, 안마 의자에서 휴식을 하든, 맛있는 케이크를 먹든 우리는 시간이 지날 때마다 쾌락 적응이 일어나 기쁨이 감소한다.

그래서 중간에 쉬는 시간이 있어야 여운을 음미하고 다시 즐길 수 있는 능력이 회복된다. 너무 큰 경험은 적당히 쪼개서 시간을 두고 즐길 필요가 있다. 돈이 적게 드는 호사를 자주 누리는 사람들이 자신의 삶에 만족도가 높다. 일상은 소소한 일들의 연속으로 이루어지는 것이 보통의 삶이다. 따라서 기쁨의 요소를 잘 발견하고 활용해야 행복할 수 있다. 큰 기쁨만이 기쁨이 아니다. 여러 작은 기쁨의 합이 큰 기쁨 하나보다 크다.

행복이 목표가 되기는 힘들다 ● ● ●

행복은 우리가 살아가도록 하는 유인책 즉, 생존을 위해 반드시 필요한 정신적 도구이다. 그러니 드문드문 드는 행복감이 있는 것이지 행복이라는 실체는 없는 것이다. 행복^{행복감}은 그렇게 거창한 것이 아니므로 꼭 행복을 목표로 살아갈 필요도 없다. 가끔 즐거우면 족하다. 욕망은 출렁거리고 우리는 적당히 그 흐름에 맞추어 즐기는 요령이 필요한 것이다. 행복감에는 강도보다 빈도가 더 중요하다. 적당한 요령만 있으면 같은 조건에서 남들보다 행복하게 살 수 있는 것이다.

행복은 남이 나를 평가하는 것에서 오지 않는다. 그것은 지극히 사적인 경험의 영역이다. 행복하기 위해서 다른 사람의 허락을 받거나 인정받을 필요도 없다. 그리고 과정을 중시해야 한다. 쾌락의 호르몬인 도파민은 '기대'와 연관이 있다. 무언가 좋은 것을 얻은 후에만 분비되는 것이 아니라 내가 기대하는 것을 얻을 수 있다고 생각했을 때도 분비된다. 그래서 휴가를 보낼 때보다 휴가를 계획할 때, 여행보다 여행을 계획할 때, 이사 후보다 이사 전이 기쁘기 마련이다.

행복은 많이 가져야 해결되는 것도 아니다. 돈, 건강, 외모, 명예를 가진다고 행복이 보장되지 않는다. 건강과 외모를 놓고 본다면 운동선수나 연예인은 늘 행복해야 하지만, 실제로는 그렇지 않다. 돈도 일정 수준까지는 행복을 증가시키지만, 재벌의 순서대로 행복하지는 않다. 행복감은 느낌이기 때문에 강도보다 빈도가 중요하고, 물질보다 경험이 중요하다.

행복은 없고 행복감이 있다.

행복감에는 강도보다 빈도가 중요하다.

몇 년 전부터 맛에 대한 세미나를 할 때면 늘 감정에 대해서도 한 번 정리해 봐야겠다는 생각이 들었다. 그러던 것이 한참 길어져 이번에야 겨우 정리할 수 있게 되었다. 『감각 착각 환각』을 쓸 당시만 해도 금세 감정 즉, 즐거움의 원리에 대해 쓸 수 있었을 것 같았는데, 다른 일들로 인해 차일피일 미루다가 나에게는 가장 오래된 과제인 물성에 대한 책을 쓰고 나니 약간의 여유가 생겼고, 후각에서 시작된 맛 시리즈를 이번 감정의 원리로 일단락할 수 있는 의욕이 생겼다.

감정이 중요하다는 것은 이미 예전부터 알고 있었다. 그렇지만 책을 쓰다 보니 예전보다 좀 더 명료해졌다. 사실 내가 식품에 대한 공부를 시작한 것은 불량지식에 대한 분노였고, 그 공부를 나름 상당기간 지속하게 했던 힘이 되었던 것은 새로운 연결이 주는 재미였다. 답이 없을 것 같던 질문도 주변의 자연과학이 발견한 원리를 바탕으로 연결하다 보면 어느 새 스스로 납득 가능한 설명이 되고는 했는데, 그러면서 점점 생명현상이나 맛의 현상에서 정말 중요한 것을 중요하다고 느낄 수 있게 되고, 고마운 것을 고마워할 줄 알게 되어 갔다.

지금 과학 교육의 가장 큰 문제는 무엇일까? 나는 감정이 부족하다는 점을 꼽고 싶다. 가장 냉철해야 할 과학에 무슨 감정이냐 하겠지만, 중요한 것을 중요하게 느끼고 벅찬 발견은 벅차게 느끼는 감정이 무엇보다 중요한 과학의 핵심이다. 예를 들어 식물은 광합성을 통해 포도당을 만들고, 포도당으로부터 모든 유기물을 만든다. 비타민도 포도당에서 만들어지는 유기물의 극히 일부인 것이다. 그런데 비타민은 신비해하면서 찬양해도 포도당을 신비해하거나 찬양하는 사람은 없다. 포도당이 아무리 흔하고 평범한 것이어도 우리 몸에 가장 고마운 존재인데 감사하는 마음은 없다. 설탕은 그런 포도당이 식물의 체관을 통해 각각의 부위로 전달될 때의 형태이다. 따라서 설탕이 없으면 대부분의 식물이 없고 식물이 없으면 우리도 없는 것이다. 그런데 우리는 설탕 하면 나쁘다는 엉터리 감정만 가지고 있다.

지금 과학에는 건조하고 기계적인 정보만 넘치고 제대로 된 감정을 일으키는 정보는 별로 없다. 중요한 것을 중요하게 느낄 수 있는 감정력이 있고, 그런 정보와 감정을 바탕으로 짜인 지식의 구조가 있으면 우리는 맥락에 맞지 않는 정보를 즉시 걸러낼 수 있고, 진짜 가치 있는 정보의 발견에 같이 환호할 수 있을 것이다. 정보의 가치에 따라 걸맞은 감정을 느낄 수 있는 훈련을 해주면 과학적 지식에 대한 판단력이 좋아질 텐데, 지금까지 온갖 지식만 암기시켰지 감정 훈련은 전혀 하지 않으니 지식의 중요도도 모르고 판단능력도 떨어진다. 사람들은 그 어느 때보다 많은 과학적 정보를 접하지만, 그 정보를 듣고도 아무런 감정이 없다. 얼마나 어렵게 발견한 지식이고 귀한 정보인지에 대한 가치 판단력이 없는 것이다. 그래서 사람들은 과학적 지식에 흥미를 느끼지 못하고, 오염된 가짜 정보에도 별로 분노하지 않는다. 과학적 지식은 남의 일인 것이다. 감정이 없는 과학은 대중에게 죽어있는 과학이다. 단지 과학에 감정이 부족했을 뿐, 감정에는 생각보다 정말 많은 과학이 들어있다.

참고 문헌

『감정은 어떻게 만들어지는가?』리사 펠드먼 배럿 지음, 최호영 옮김, 생각연구소, 2017

『느낌의 진화』안토니오 다마지오 지음, 임지원·고현석 옮김, 아르테, 2019

『사회적 뇌, 인류 성공의 비밀』매튜 D. 리버먼 지음, 최호영 옮김, 시공사, 2015

『그림으로 읽는 뇌 과학의 모든 것』박문호 지음, 휴머니스트, 2013

『명령하는 뇌, 착각하는 뇌』V. S. 라마찬드란 지음, 박방주 옮김, 알키, 2012

『라마찬드란 박사의 두뇌 실험실』V. S. 라마찬드란 지음, 신상규 옮김, 바다출판사, 2007

『환각』올리버 색스 지음, 김한영 옮김, 알마, 2013

『의식의 탐구』크리스토프 코흐 지음, 김미선 옮김, 시그마 프레스, 2006

『시냅스와 자아』조지프 르두 지음, 강봉균 옮김, 동녘사이언스, 2005

『생각하는 뇌, 생각하는 기계』제프 호킨스, 샌드라 블레이크슬리 지음, 이한음 옮김, 멘토르, 2010

『신경과학의 원리-5판』에릭 켄달 외 지음, 강봉균 외 옮김, 범문에듀케이션, 2014

『신경과학으로 보는 마음의 지도』호아킨 M. 푸스테르 지음, 김미선 옮김, 휴먼사이언스, 2014

『신경과학과 마음의 세계』제럴드 에델만 지음, 황희숙 옮김, 범양시, 1998

『뇌의 가장 깊숙한 곳』케빈 넬슨 지음, 전대호 옮김, 해나무, 2013

『마음의 눈』올리버 색스 지음, 이민아 옮김, 알마, 2013

『우리를 중독시키는 것들에 대하여』게리 S. 크로스, 로버트 N. 프록터 지음, 김승진 옮김, 동녘, 2016

『마음의 탄생』레이 커즈와일 지음, 윤영삼 옮김, 크레센도, 2016

『편두통』올리버 색스 지음, 강창래 옮김, 알마, 2011

『깨어남』올리버 색스 지음, 이민아 옮김, 알마, 2012

『인간은 무엇으로 사는가』정연환 지음, 삶과지식, 2017

『우리는 마약을 모른다』오후 지음, 동아시아, 2018

『중독의 모든 것』히로나카 나오유키 지음, 황세정 옮김, 큰벗, 2016